数学の

かんどころ 34

グラフ理論と
フレームワークの幾何

前原 潤・桑田孝泰 著

共立出版

「数学のかんどころ」
刊行にあたって

　数学は過去，現在，未来にわたって不変の真理を扱うものであるから，誰でも容易に理解できてよいはずだが，実際には数学の本を読んで細部まで理解することは至難の業である．線形代数の入門書として数学の基本を扱う場合でも著者の個性が色濃くでるし，読者はさまざまな学習経験をもち，学習目的もそれぞれ違うので，自分にあった数学書を見出すことは難しい．山は１つでも登山道はいろいろあるが，登山者にとって自分に適した道を見つけることは簡単でないのと同じである．失敗をくり返した結果，最適の道を見つけ登頂に成功すればよいが，無理した結果諦めることもあるであろう．

　数学の本は通読すら難しいことがあるが，そのかわり最後まで読み通し深く理解したときの感動は非常に深い．鋭い喜びで全身が包まれるような幸福感にひたれるであろう．

　本シリーズの著者はみな数学者として生き，また数学を教えてきた．その結果えられた数学理解の要点（極意と言ってもよい）を伝えるように努めて書いているので読者は数学のかんどころをつかむことができるであろう．

　本シリーズは，共立出版から昭和50年代に刊行された，数学ワンポイント双書の21世紀版を意図して企画された．ワンポイント双書の精神を継承し，ページ数を抑え，テーマをしぼり，手軽に読める本になるように留意した．分厚い専門のテキストを辛抱強く読み通すことも意味があるが，薄く，安価な本を気軽に手に取り通読して自分の心にふれる個所を見つけるような読み方も現代的で悪くない．それによって数学を学ぶコツが分かればこれは大きい収穫で一生の財産と言

えるであろう.

　「これさえ摑めば数学は少しも怖くない，そう信じて進むといいですよ」と読者ひとりびとりを励ましたいと切に思う次第である.

編集委員会と著者一同を代表して

飯高　茂

はじめに

　1971 年にフランク・ハラリイの本の翻訳『グラフ理論』（池田貞雄訳，共立出版）が出版された．その頃から日本でもグラフ理論を研究する数学者が出始めたように思う．1976 年には，アッペルとハーケンがコンピュータを長時間使用して 4 色定理を証明し，大きなニュースになった．その翌年の 1977 年には，ロバート・コネリーが変形する多面体を発見して，フレームワークの連続変形などに関連する研究も数学者の関心を集めるようになってきた．その後，秋山仁氏らの活躍によって日本での離散数学・グラフ理論等の研究者も増え，今日では，グラフ理論や離散幾何などに関する国際会議が日本でも頻繁に開催されるようになっている．

　現在，グラフについての基本的な知識は，理系の学生にとって欠かせないものになっているといってよいであろう．本書はグラフと平面上のフレームワークに関する入門書である．

　1 章から 4 章まではグラフの話である．1 章は，グラフに関する基本的な用語といろいろなグラフの紹介，2 章は木と全域木の話，3 章はオイラーグラフとハミルトングラフの話である．4 章は，平面グラフとオイラーの公式，グラフの辺彩色，頂点彩色の話である．連結度やマッチングに関する事項もグラフ理論の重要なテーマであるが，この本では割愛した．グラフ理論の基本的なところは

1章から4章でだいたいカバーされていると思う．また，さらにグラフ理論を勉強するのにも困ることはないと思う．

後半の3つの章はフレームワークの話である．平面上のフレームワークとは，平面上に描かれたグラフの辺を伸び縮みしない棒とみなし，頂点をジョイントとみなした平面上の装置（仕掛け）のことである．フレームワークに関して書かれた日本語の本は現在のところ殆んど見当たらないので，これらの章で取り上げることにした．

5章では，フレームワークの連続変形の定義を述べ，変形できるものと変形できないものの例を挙げる．正方形格子状のグラフのいくつかの正方形にパネルを張って，全体を変形できないようにすることを考える．また，四辺形フレームワークの連続変形後の形を記述するパラメータの描く図形を考える．6章は完全2部グラフの変形に関する話である．連続変形できないフレームワークを構成するためのヘネバーグの方法についてもこの章で触れる．7章は，同じ長さの辺だけからなる等辺フレームワークに関する話題を扱う．

フレームワークの無限小変形というものを導入すれば，線形代数を用いた議論が可能となるが，この本では，無限小変形についてはすべて割愛した．したがって，この本で使われる議論は全く初等的なものである．

全体を通して，理解を助けるため多数の図を挿入し，例題や練習問題も数多く挙げてある．数学を楽しむという気持ちで読んで欲しいと思う．

最後に，本書の原稿を丁寧に読んで下さった飯高茂先生，岡部恒治先生，出版にあたってお世話になりました三浦拓馬さんに感謝いたします．

2017年10月

前原　潤・桑田孝泰

目　　次

第 1 章

グラフの基礎

　グラフというのは，集合の要素の対の各々に対して，2つの要素は「隣接する」または「隣接しない」ということを決めただけのものであるから，いろいろな状況で用いることができる．例えば，人間の集まりにおいて，二人は互いに知り合いであるとき，隣接するとし，互いに知り合いではないとき，隣接しないと決めると，グラフが得られる．グラフとして見ると，平面上に図を描いて考えることができ，いろいろなことが明瞭に見て取れるようになることがある．この章では，グラフに関する基本的な用語について説明し，いろいろなグラフの名称等を紹介する．また，グラフを用いる議論に慣れるように，練習問題以外に，多くの例題を取り上げる．

1.1　グラフ・握手補題

　集合 V の相異なる任意の 2 元に対して，「互いに隣接する」か，「互いに隣接しない」かが決められているとき，V に隣接関係が定められたという．隣接関係が定められた，空でない有限集合 V をグラフと呼び，V の元をグラフの頂点 (vertex) という．例えば：

- 平面上の有限個の点の集合 V において，距離が 1 以下の 2 点を隣接していると決めると，グラフが得られる．

- 空間内のある多面体 P の頂点の集合 V において，辺の両端となる 2 点を隣接していると決めると，グラフが得られる．

　グラフにおいて，互いに隣接するような 2 つの頂点 x, y の集合 $\{x, y\}$ を辺 (edge) と呼び，簡単に xy または yx で表す．頂点集合 V における隣接関係は，辺の集合 $E = \{xy, uv, \dots\}$ を指定することで与えられるから，グラフは，頂点の集合 $V \neq \emptyset$ と辺の集合 E の組 $G = (V, E)$ とみなすことができる．

　グラフ $G = (V, E)$ の頂点を x, y, z 等で表し，辺は a, b, c 等で表す．$a = xy \in E$ のとき，a を x と y を結ぶ辺といい，x, y を辺 a の端点という．頂点 x に隣接しているような頂点全体の集合を x の近傍 (neighborhood) といい，$N(x)$ で表す．$N(x)$ に含まれる頂点の個数 $|N(x)|$ を頂点 x の次数 (degree) といい，$\deg x$ で表す．

　グラフの頂点間の隣接関係を見てわかるようにするため，通常，グラフの頂点を平面上の点で，辺を頂点間を結ぶ平面上の単純曲線[1]で表す．つまり，グラフは，頂点と呼ばれる平面上の点の集合と辺と呼ばれる単純曲線からなる図形で与えられる．辺どうしは，まぎれる心配がなければ，交差させてもよいが，辺は途中で頂点を

---

[1]　途中で自分自身と交わることがないような曲線のこと．

通らないようにする．また，頂点は辺どうしの交差点などとまぎれないように，○や●等ではっきり示す．もちろん，辺は次の2つの条件を満たさなければならない．

E1：辺の両端の頂点は異なる．

E2：同じ頂点対を結ぶ辺はたかだか1つしかない．

例えば，図1-1は6個の頂点$x_1, x_2, \ldots, x_6$をもつあるグラフを描いたものである．このグラフには10本の辺があり，

$$\deg x_1 = \deg x_3 = 3,\ \deg x_2 = \deg x_4 = 4,\ \deg x_5 = 5,$$

$$\deg x_6 = 1$$

である．

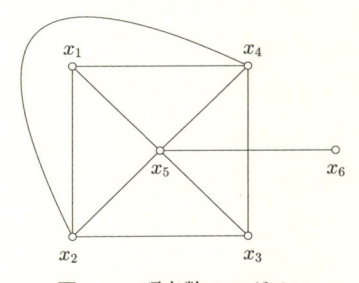

図 1-1　頂点数6のグラフ

　次数が0の頂点を**孤立点**，次数が奇数の点を**奇点**，次数が偶数の点を**偶点**という．孤立点はもちろん偶点である．図1-1のグラフには孤立点は存在せず，x_2とx_4が偶点，残りの頂点は奇点である．

問題 1.1

　頂点数が8のグラフで，次数4の頂点が4つあり，次数3の頂点が4つあるものを一つ描け．

問題1.2

　　$n \geq 5$ ならば，n 個の頂点を持つグラフで，すべての頂点の次
　数が 4 となるものが存在することを示せ．

例題1.1

　　頂点数が 2 以上のグラフには，同じ次数を持つ 2 つの頂点が存
　在することを示せ．

[解答]　G を頂点数 $n \geq 2$ のグラフとする．G の n 個の頂点の次数
がすべて異なることはありえないことを示せばよい．

　まず，G に孤立点 x がある場合を考える．このとき，他の頂点と x
を結ぶ辺はないから，他の頂点の次数はたかだか $n-2$ である．した
がって，各頂点の次数は，$0, 1, \ldots, n-2$ のどれかである．頂点は n
個あるから，すべての頂点が異なる次数を持つことはできない．

　次に，G には孤立点がないとする．このとき，各頂点の次数は，
$1, 2, \ldots, n-1$ のどれかである．したがって，n 個の頂点の次数がす
べて異なることはできない．　　　　　　　　　　　　　　　　□

例題1.2

　　頂点数 10 のグラフ G が孤立点を持たず，ある頂点 $v \in V$ 以
　外の 9 個の頂点の次数がすべて異なるとき，頂点 v の次数はいく
　らか．

[解答]　G は孤立点を持たないから，G のどの頂点の次数も 1 以上
である．頂点 v 以外の 9 個の頂点の次数はすべて異なるから，v 以
外の頂点の次数を小さい順に並べると，$1, 2, 3, 4, 5, 6, 7, 8, 9$ でなけれ
ばならない．v 以外の，これらの次数の頂点を，図 1-2 のように，数
字 $1, 2, \ldots, 9$ で表し，円周上に，v から時計回りに並べる．頂点 9 か

らは 9 本の辺が出るから，図 1-2（左）のようになる．同様に，頂点 8, 7, 6 から，それぞれ，8 本，7 本，6 本の辺を（条件を満たすように）引くと，図 1-2（右）のようになる．これ以上辺を追加することはできないから，これがグラフ G である．したがって，$\deg v = 5$ である．

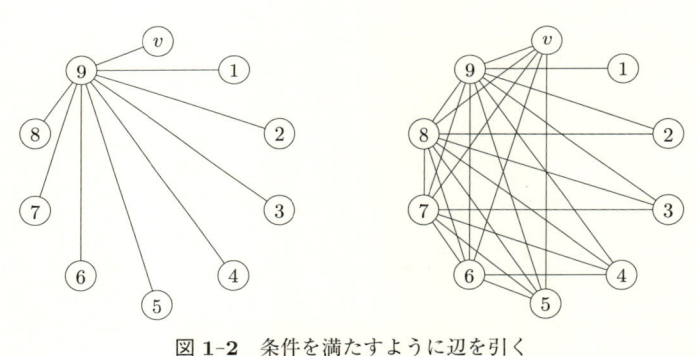

図 1-2 条件を満たすように辺を引く

□

グラフを，点と線からなる図形で表されたものとみなすとき，場合によっては辺に関する条件 E1, E2 を外して，図 1-3 のようなループ a や多重辺 b, c を含んだ図形を扱うこともある．このようなループや多重辺を含むものは，擬グラフ（pseudo graph）と呼ぶ．擬グラフでも，頂点に入ってくる辺の個数をその頂点の次数とい

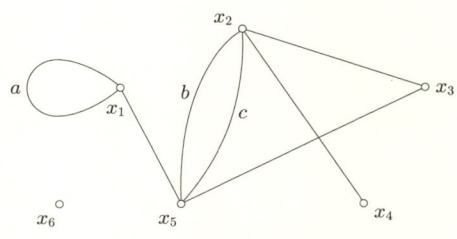

図 1-3 頂点数 6 の擬グラフ

う．この場合，ループは 2 回数える．例えば，図 1-3 の擬グラフ
では，頂点 x_1 の次数は 3 で，頂点 x_5 の次数は 4 である．

辺についての条件 E1, E2 を満たすグラフを，擬グラフではない
ことを明確にするため，**単純グラフ** (simple graph) と呼ぶことも
ある．

定理 1.1　　**握手補題**

　　どんなグラフでも

$$\text{頂点の次数の合計} = \text{辺数の 2 倍}$$

となっている．

[証明]　頂点の次数は，その頂点から出る辺の個数を数えたものであ
る．各辺には端が 2 つずつあるから，次数の合計には，同じ辺が 2 回
ずつ数えられている．　　　　　　　　　　　　　　　　　　　　　□

注 1.1

　　任意のグラフ $G = (V, E)$ に対して，$\sum_{x \in V} \deg x = 2|E|$ が成り立つ
ということである．

系 1.1

　　グラフの頂点の次数の合計は偶数である．

系 1.2　　**奇点定理**

　　どんなグラフでも，次数が奇数の頂点（奇点）の個数は偶数で
ある．

[証明]　奇点の個数を m とすると，定理 1.1 の等式を mod 2 で考えると，$m \equiv 0 \pmod 2$ が得られる.　　　　　□

注 1.2
定理 1.1，系 1.1，系 1.2 は擬グラフでも成り立つ.

問題 1.3
　正 20 面体は 20 個の面を持ち，各面は正三角形である．正 20 面体の辺は何本あるか.

問題 1.4
　凸多面体において，三角形，五角形，七角形，等の奇数角形の面の個数は必ず偶数であることを示せ.

例題 1.3
　縦または横の長さが整数であるようないろいろなサイズの長方形のタイルを敷き詰めて大きな長方形 R が得られたとせよ．このとき，長方形 R の縦または横の長さは整数となることを示せ.

[解答]　長方形 R を，図 1-4 のように座標平面の第 1 象限に置かれた長方形 $OABC$ とする．R を敷き詰めている長方形タイルの頂点で，両座標が整数となるような頂点の集合を X とし，各タイルの中心点の集合を Y とする．集合 $V = X \cup Y$ に次のように隣接関係を定義する.

　　　X の元どうし，Y の元どうしは隣接しない．$x \in X$ と $y \in Y$ は x が y を中心とするタイルの角にある場合にだけ隣接する.

こうして得られるグラフを G とする．X に属する G の頂点は長方

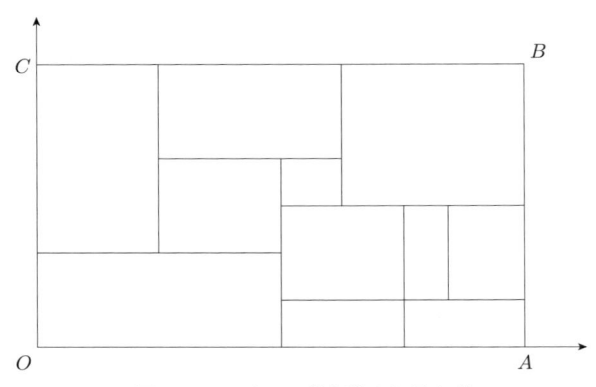

図 1-4　タイルで敷き詰めた長方形

形 R の角にない限り，次数は 2 か 4 である（図 1-5 を参照せよ）．また，各タイルの縦または横の長さは整数であるから，Y に属する頂点の次数は $0, 2, 4$ のいずれかである．原点 $O \in X$ は G の次数 1 の頂点である．奇点定理により，奇点の個数は偶数であるから，原点 O 以外にも奇点が存在しなければならず，それは長方形 R の角になければならない．したがって，O 以外の R の角の座標で両座標が整数のものが存在する．これは，長方形 R の縦または横の長さが整数であることを意味する．　　　　　　　　　　　　　　　　　□

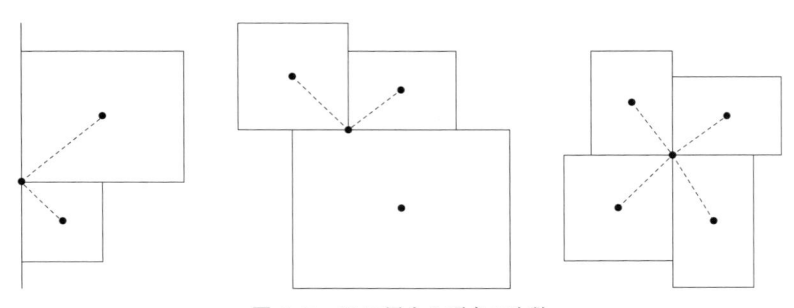

図 1-5　X に属する頂点の次数

〜〜 コラム 〜〜〜〜〜〜〜〜〜〜〜〜〜〜〜　**最多種次数グラフ**

　例題 1.1 により，頂点数が 2 以上のグラフでは，すべての頂点の次数が異なることはできない．そこで，グラフ G のある 1 頂点以外の頂点の次数がすべて異なるようなグラフを**最多種次数のグラフ**と呼ぶことにすると，例題 1.2 と同様にして，次の定理が証明できる．

定理

　頂点数 $n > 1$ の最多種次数のグラフが孤立点を持たなければ，G には，次数 $\lfloor n/2 \rfloor$ の頂点が 2 つ存在する．
　ここで $\lfloor x \rfloor$ は数 x 以下の最大整数を表す．例えば，$\lfloor \sqrt{10} \rfloor = 3$ である．

1.2　いろいろなグラフ

🍂 部分グラフ

　グラフ（または擬グラフ）G に含まれるいくつかの頂点と，いくつかの辺からなるグラフを，G の**部分グラフ**という．G の部分グラフで，G の頂点をすべて含むものを，G の**全域部分グラフ**という．

🍂 パス

　2 以上の整数 n に対して，異なる n 個の頂点 $x_1, x_2, \ldots, x_n$ と $n-1$ 個の辺 $x_1x_2, x_2x_3, \ldots, x_{n-1}x_n$ からなるグラフを，x_1 と x_n を結ぶ**パス**という．頂点 x_1, x_n はこのパスの**両端**という．パスに含まれる辺の個数を，パスの**長さ**という．図 1-6 (a) は x と y を結

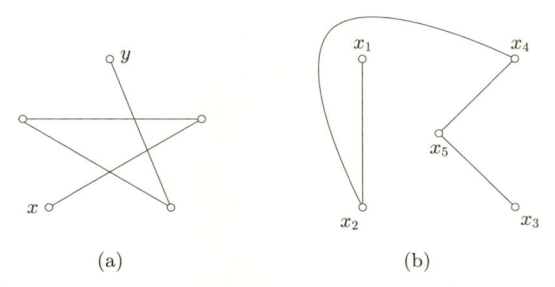

図 **1-6**　長さ 4 のパス (a) と図 1-1 のグラフの含むパス (b)

ぶ長さ 4 のパスで，(b) は図 1-1 のグラフに含まれる長さ 4 のパス
で頂点 x_1 と x_3 を結ぶものである．

連結グラフ

　グラフ G のどの 2 頂点 $x, y\,(x \neq y)$ に対しても，x と y を結ぶ
パスが G に含まれているとき，G は連結であるという（頂点が 1
つしかないグラフは連結であるとする）．明らかにパス自身は連結
である．連結でないグラフは**非連結**であるという．図 1-7 のグラ
フは非連結である．このグラフには，x と y を結ぶパスは含まれて
いない．

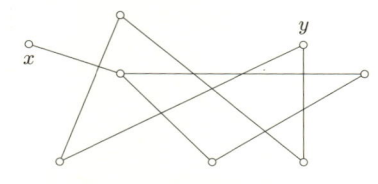

図 **1-7**　非連結なグラフ

　非連結グラフはいくつかの連結グラフを寄せ集めたものと考え
ることができる．この場合，それぞれの連結グラフは，それらの寄
せ集めである大きなグラフの**連結成分**，あるいは単に**成分**と呼ばれ
る．つまり，グラフ G の成分とは，G の連結部分グラフ H であっ

て，H を含む，より大きな連結部分グラフは存在しないようなものことである．連結なグラフには成分は 1 つしかない．

問題 1.5

頂点数 n のグラフ G が条件

$$2 \text{ 頂点 } x \text{ と } y \text{ が隣接しない} \Rightarrow \deg x + \deg y \geq n - 1$$

を満たすなら，G は連結であることを示せ（対偶を考えよ）．

🌰 サイクル

各頂点の次数が 2 である連結グラフを**サイクル**という．サイクルに含まれる辺の個数（= 頂点の個数）をサイクルの**長さ**という．長さ n のサイクルを **n サイクル**と呼び，記号 C_n で表す（図 1-8 を参照せよ）．グラフ G の部分グラフでサイクルであるものを G の**含むサイクル**という．例えば図 1-7 の非連結グラフは，3 サイクルと，4 サイクルを含んでいる．長さが偶数のサイクルを**偶サイクル**，長さが奇数のサイクルを**奇サイクル**という．

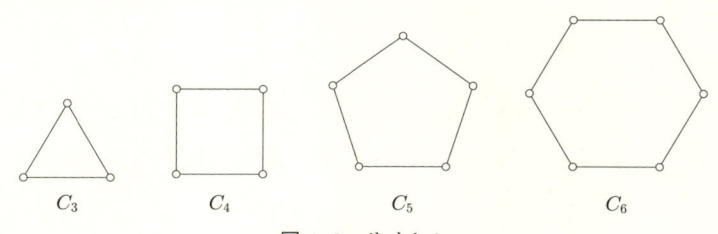

C_3　　　　C_4　　　　C_5　　　　C_6

図 1-8　サイクル

グラフだけを考える場合は，サイクルの長さは 3 以上であるが，ループや多重辺を含む擬グラフを考える場合は，図 1-9 の C_1 や，C_2 もサイクルとみなすことになる．

図 1-9 擬グラフに含まれるサイクル

例題 1.4

グラフ G の頂点の次数がすべて 2 以上なら，G はサイクルを含むことを示せ．

[解答] G はサイクルを含まないと仮定して矛盾を導く．G の頂点数を n とする．$n \geq 3$ であり，G に含まれるパスの長さは $n-1$ 以下だから，G には最も長いパス P が存在する．P の両端の頂点を x, y とする．仮定により，$\deg y \geq 2$ だから，y から出る辺 yz で，P に含まれないものが存在する．G にはサイクルはないと仮定しているから，パス P に辺 yz（と頂点 z）を継ぎ足したものはサイクルにはならず，P より長いパスとなる．これは，P が最長のパスであったことに矛盾する． □

例題 1.5

連結グラフ G がサイクル C を含むとき，G から C 上にある 1 辺 a を取り去って得られる部分グラフ H は連結であることを示せ．

[解答] H の任意の 2 頂点 $y, z\ (y \neq z)$ に対して，H のパスで y と z を結ぶものが存在することを示す．G には y と z を結ぶパス P が存在する．

(i) P が辺 a を含まなければ，P が H のパスで y と z を結ぶものと

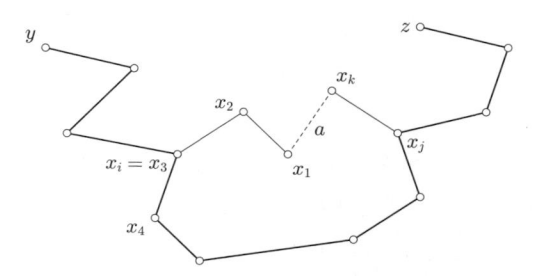

図 1-10 パス P が辺 a を含む場合

なる.

(ii) P が辺 a を含むとしよう. このとき, P とサイクル C は 2 個以上の頂点を共有する. サイクル C から a を除いて得られるパスを $x_1 x_2 \cdots x_k$ とする (したがって, $a = x_1 x_k$ である). パス P を y から z に向かってたどるとき, 最初に出会う C の頂点を x_i, 最後に出会う C の頂点を x_j とする. パス $x_1 x_2 \cdots x_k$ は x_i と x_j を結ぶパス Q を含んでいるから, パス P の x_i から x_j までの部分を Q で取り換えると, y と z を結ぶパスで辺 a を含まないものが得られる.

ゆえに, H には y と z を結ぶパスが存在する. □

完全グラフ

頂点数が n で, どの 2 頂点も隣接しているようなグラフを, 頂点数 n の完全グラフといい, 記号 K_n で表す (図 1-11 を参照). K_n の持つ辺の本数は $\binom{n}{2} = n(n-1)/2$ である. 頂点数 n の任意のグラフは完全グラフ K_n の部分グラフである.

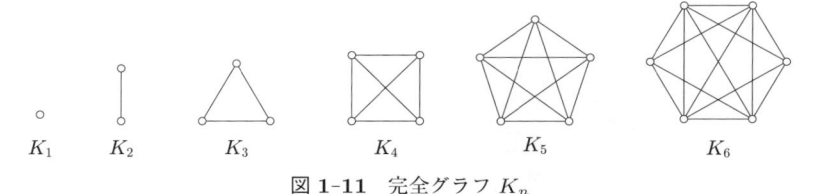

K_1 K_2 K_3 K_4 K_5 K_6

図 1-11 完全グラフ K_n

例題 1.6

　20 本の辺をもつグラフの頂点数の最小値はいくらか.

[解答]　頂点数が n のグラフの辺数が最大となるのは,グラフが完全グラフの場合で,その辺数は $\binom{n}{2}$ である. $\binom{6}{2} = 15, \binom{7}{2} = 21$ であるから,20 本の辺をもつグラフの頂点数は 6 より大きく,7 以下であることがわかる.したがって,20 本の辺をもつグラフの頂点数の最小値は 7 である.　　　　　　　　　　　　　　　　　　□

問題 1.6

　完全グラフ K_4 に含まれるパスで頂点数 4 のものはいくつあるか.

例題 1.7

　頂点数 $n\,(\geq 3)$ のグラフ G の辺数が $\binom{n-1}{2}$ より大きいなら,G は連結であることを示せ.

[解答]　頂点数が n のグラフで非連結なものの辺数の最大値を求めよう.そのためには,頂点数 n の非連結なグラフ G で,成分数が 2 であり,各成分は完全グラフとなっているようなグラフ G の辺数の最大値を考えればよい.一方の成分の頂点数を $k\,(n/2 \leq k < n)$ とすると,他の成分は K_{n-k} である.このようなグラフの辺数は

$$\binom{k}{2} + \binom{n-k}{2} = \frac{2k^2 - 2nk + n^2 - n}{2} = 2\left(k - \frac{n}{2}\right)^2 + \frac{n^2}{2} - n$$

となる.この値は,$n/2 \leq k < n$ のとき,k について単調増加であるから,$k = n-1$ のとき最大となる.つまり,頂点数が n の単純グラフで非連結なものの辺数の最大値は $\binom{n-1}{2} + 0$ である.したがって,

辺数が $\binom{n-1}{2}$ より大きいなら，G は連結である． □

問題 1.7

頂点数 n のグラフ G の各頂点の次数が $(n-1)/2$ 以上なら，G は連結であることを示せ．

🌿 2 部グラフ

グラフの頂点集合を 2 つの空でない部分集合 X と Y に分割して，同じ部分集合に属する頂点どうしは隣接していないようにすることができるとき，そのグラフを **2 部グラフ**といい，X, Y をその**部集合**，(X, Y) を頂点集合の **2 部分割**という．例えば，図 1-12 の立方体グラフ（立方体の頂点と辺からなるグラフ）は，図のように ● で表される頂点からなる部集合と ○ で表されるような頂点からなる部集合に分割できるから，2 部グラフである．

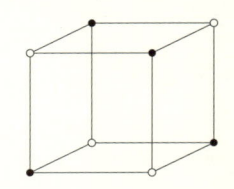

図 1-12　立方体グラフ

2 部グラフで，異なる部集合に属する頂点対は，必ず隣接するようなものを，**完全 2 部グラフ**という．$|X| = m, |Y| = n$ となる部集合 X, Y を持つ完全 2 部グラフを $K_{m,n}$ で表す（図 1-13 を参照）．$K_{m,n}$ は $m + n$ 個の頂点と，mn 個の辺をもつ．任意の 2 部グラフは，ある完全 2 部グラフの部分グラフである．

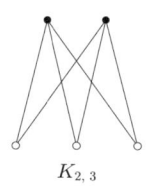
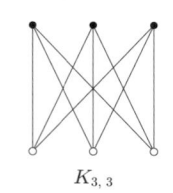
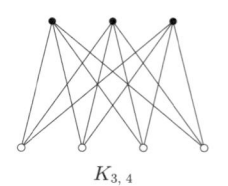

$K_{2,3}$ $K_{3,3}$ $K_{3,4}$

図 1-13　完全 2 部グラフ

問題 1.8

2 部グラフは奇サイクルを含まないことを示せ.

問題 1.9

$n \geq m \geq 2$ のとき，$K_{m,n}$ には長さ 4 のサイクルがいくつある
か.

定理 1.2

グラフ G が 2 部グラフであるための必要十分条件は，G が
奇サイクルを含まないことである.

[証明]　(i) G が 2 部グラフならば，問題 1.8 により，G は奇サイク
ルを含まない.

(ii) G は奇サイクルを含まないとせよ. G の各連結成分が 2 部グ
ラフなら，G は 2 部グラフとなるから，G が連結である場合を考え
ればよい. まず，G の 2 頂点 $x, y\,(x \neq y)$ を結ぶ 2 つのパス P, Q に
対して，

$$P \text{ の長さ} \equiv Q \text{ の長さ} \quad (\mathrm{mod}\ 2)$$

が成り立つことを示そう. P, Q の両方に含まれる辺の集合を E_1 と
し，P または Q に含まれ，両方には含まれないような辺の集合を E_2
とする. 図 1-14 に示されるように，E_2 は，いくつかのサイクルの辺

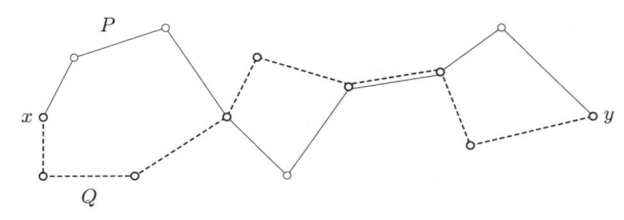

図 1-14　x と y を結ぶ 2 つのパス P と Q

集合に分割される．各サイクルは偶数個の辺をもつから，$|E_2| \equiv 0$ (mod 2) である．したがって，

$$P \text{ の長さ} + Q \text{ の長さ} = 2|E_1| + |E_2| \equiv 0 \pmod 2$$

となり，P の長さ $\equiv Q$ の長さ (mod 2) である．このことから，奇数の長さのパスで結ぶことができる 2 頂点を偶数の長さのパスで結ぶことはできないことがわかる．

　さて，G の頂点 x を一つ決め，x と奇数の長さのパスで結ばれる頂点のクラスを Y，残りの頂点のクラスを X とする．頂点 y と z が隣接しているとすると，x と y を結ぶパスと x と z を結ぶパスで，長さが 1 違うものが存在するから，y と z は異なるクラスに属する．つまり，同じクラスに属する頂点どうしは隣接しない．よって，(X, Y) は G の頂点集合の 2 部分割であり，G は 2 部グラフである．　　□

🌿 補グラフ

　グラフ G において，隣接しない頂点どうしを辺で結び，もとの古い辺をすべて消し去ると，G と同じ頂点集合を持つグラフが得られる．このグラフを G の補グラフといい，記号 $\bar{G}$ で表す（図 1-15 を参照）．$\bar{G}$ の補グラフは G である．

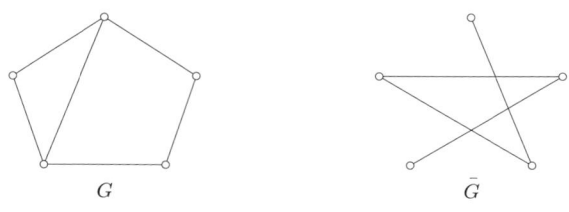

図 **1-15** グラフ G とその補グラフ $\bar{G}$

問題 1.10

図 1-1 のグラフの補グラフを描いてみよ.

例題 1.8

非連結グラフ G の補グラフは連結であることを示せ.

[解答] $x, y\,(x \neq y)$ を G の 2 つの頂点とせよ. x, y が G の異なる連結成分に属するなら, x と y は補グラフ $\bar{G}$ では隣接しているから, $\bar{G}$ には x と y を結ぶパスが存在する. x, y が G の同一の連結成分 H に属するとせよ. この場合は, H と異なる連結成分に属する頂点の一つを z とすると, x と z および y と z は補グラフ $\bar{G}$ で隣接しているから, xzy が $\bar{G}$ において x と y を結ぶパスとなる. $\qquad\Box$

🌿 グラフの同型

頂点数 n の 2 つのグラフ G, H に対して, どちらのグラフでも頂点に一連番号 $1, 2, 3, \ldots, n$ をつけて, 任意の番号 i, j について

番号 i, j の頂点は G で隣接 $\Longleftrightarrow$ 番号 i, j の頂点は H で隣接

が成り立つようにできるとき, G と H は同型であるという. また, このような頂点の番号づけを 2 つのグラフの間の同型対応という. 同型なグラフは同じグラフの異なる表現とみなすことができる.

　図 1-16 の 2 つのグラフは同型であり，これらに同型なグラフは
すべてペテルセン (Petersen) グラフという名前で呼ばれている.

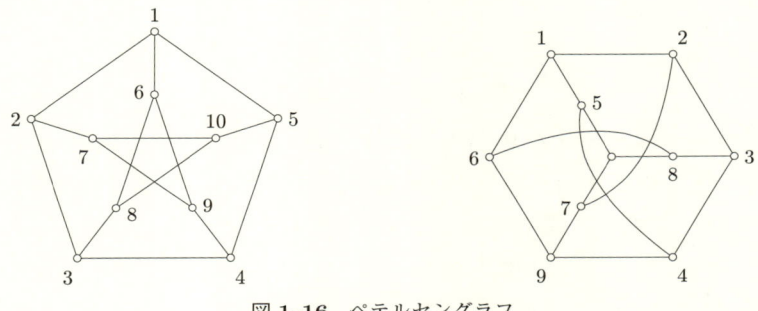

図 **1-16**　ペテルセングラフ

問題 1.11

　図 1-17 の 2 つのグラフは同型であることを示せ.

注 1.3

　擬グラフの間の同型対応もグラフのときと同様に定義される. 2 つ
の擬グラフが同数の頂点と同数の辺をもつとき，各々の擬グラフの頂
点だけでなく，辺にも一連番号をつけて,

　　　　同じ番号の辺には同じ番号の頂点が接続している

という条件を満たすようにすることができるなら，2 つの擬グラフは
同型であるという.

1.3　隣接行列

　擬グラフの隣接関係を表す隣接行列について述べておこう. 頂

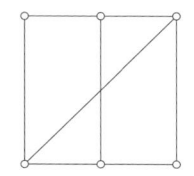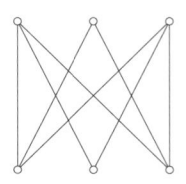

図 1-17　同型対応は？

点数 n の擬グラフ G の頂点には，一連番号 $(1, 2, \dots, n)$ が振られ
ているものとする．番号 i の頂点と番号 j の頂点を結ぶ辺の本数
を a_{ij} とすると，(i, j) 要素が a_{ij} であるような $n \times n$-行列 $A(G) = (a_{ij})$ を擬グラフ G の隣接行列 (adjaceny matrix) という．したが
って，単純グラフの隣接行列の要素はすべて 0 か 1 であり，主対
角要素は 0 である．例えば，（頂点に一連番号のついた）完全グラ
フ K_4 の隣接行列 $A(K_4)$ は

$$A(K_4) = \begin{pmatrix} 0 & 1 & 1 & 1 \\ 1 & 0 & 1 & 1 \\ 1 & 1 & 0 & 1 \\ 1 & 1 & 1 & 0 \end{pmatrix} \tag{1.1}$$

となる．

問題 1.12

完全 2 部グラフ $K_{2,3}$ の隣接行列を書いてみよ．ただし，
$(\{1, 2\}, \{3, 4, 5\})$ を頂点集合の 2 部分割とする．

例題 1.9

擬グラフ G がループを持たないとき，その隣接行列の 3 乗
$A(G)^3$ のトレースは，G に含まれる 3 サイクルの個数の 6 倍に
等しい．ここで m 次の正方行列 $B = (b_{ij})$ のトレースとは，B
の主対角線上の要素の和 $\sum_i b_{ii} = b_{11} + b_{22} + \dots + b_{mm}$ のことで

ある.

[証明]　$A(G) = (a_{ij})$ とおくと, $A(G)^2$ の (i,k) 要素は $\sum_j a_{ij}a_{jk}$ であるから, $A(G)^3$ の (i,i) 要素は $\sum_k \sum_j a_{ij}a_{jk}a_{ki}$ である. したがって, $A(G)^3$ のトレースは

$$\sum_i \sum_k \sum_j a_{ij}a_{jk}a_{ki}$$

に等しい. G にはループはないから, i,j,k か3サイクルの頂点でない限り $a_{ij}a_{jk}a_{ki}$ の値は0である. i,j,k が3サイクルの頂点となる場合は, $a_{ij}a_{jk}a_{ki}$ は, i,j,k を頂点とする（異なる）3サイクルの個数に等しい. ところが, トレースの計算では, 同じ3頂点 x,y,z を頂点とする3サイクルが

$$(i,j,k) = (x,y,z),(x,z,y),(y,x,z),(y,z,x),(z,x,y),(z,y,x)$$

の6通りの場合に別々に数えられている. ゆえに, $A(G)^3$ のトレース $\operatorname{tr}(A(G)^3)$ は G の3サイクルの個数の6倍に等しい.　　　□

　例えば, (1.1) で求めた完全グラフ K_4 の隣接行列に例題1.9の結果を適用して, K_4 に含まれる3サイクルの個数を求めてみよう.

$$A(K_4)^3 = \begin{pmatrix} 6 & 7 & 7 & 7 \\ 7 & 6 & 7 & 7 \\ 7 & 7 & 6 & 7 \\ 7 & 7 & 7 & 6 \end{pmatrix}, \quad \operatorname{tr}(A(K_4)^3) = 24$$

より, 求める個数は $24/6 = 4$ である.

第 2 章

木と全域木

　サイクルを持たないグラフが林であり，林の中で連結なグラフが木である．はじめに，木についての基本的な性質を示す．連結グラフ G の部分グラフで，木であり，しかも G の全域部分グラフであるものを G の全域木という．辺に重みがついているグラフでの全域木で辺の重みの和が最小のものを最小全域木という．最小全域木を求めるクルスカルのアルゴリズムを紹介する．最後の節では，与えられたグラフの全域木の個数に関する「行列と木の定理」を証明する．この節では行列式に関する知識が必要となる．この節をスキップしても，後の章を読むのに支障はない．

2.1　木と林

　サイクルを持たないグラフを**林** (forest) といい，連結グラフでサイクルを持たないグラフを**木** (tree) と呼ぶ（図 2-1）．したがって，林の各連結成分は木である．連結グラフ（あるいは連結な擬グラフ）G の全域部分グラフで，木であるものを，G の**全域木**（ぜんいきぎ）という．サイクルを持つ連結グラフは，例題 1.5 により，辺を取り除いていくことで，サイクルを持たない連結グラフにすることができるから，どんな連結グラフも必ず全域木を含む.

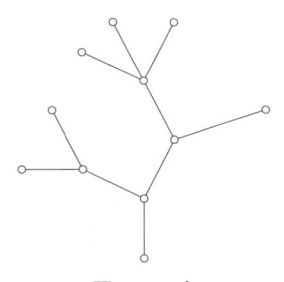

図 2-1　木

例題 2.1

　頂点数が 2 以上の木は次数 1 の頂点を持つことを示せ.

[**解答**]　木は連結であり頂点数が 2 以上だから，次数 0 の頂点はない．したがって，次数 1 の頂点がないとすると，頂点の次数はすべて 2 以上となる．この場合は例題 1.4 により，サイクルをもつことになり，木であることに反する. □

定理 2.1

グラフ $G = (V, E)$ について，次の 3 つは同値である．

(i) G は V を頂点集合とする辺数が最小の連結グラフである．

(ii) G は木である．

(iii) G は連結で，$|E| = |V| - 1$ である．

[証明] (i)⇒(ii)．G がサイクルを含むとすると，そのサイクル上の辺を 1 つ除いても V を頂点集合とする連結グラフが残るから，G が辺数最小の連結グラフであることに反する．

(ii)⇒(iii)．$|E| = |V| - 1$ となることを，$|V|$ についての帰納法で示す．$|V| = 1$ のときは明らかである．$|V| = n - 1$ のとき正しいと仮定して，$|V| = n \, (\geq 2)$ の場合を考える．G は木であるから，例題 2.1 により，次数 1 の頂点を持つ．G から，次数 1 の頂点と，これに接続する辺を除いたグラフを G' とすると，G' は連結で，サイクルを含まないから，木である．したがって，帰納法の仮定から，G' の辺数 $= (n-1) - 1$ となる．ゆえに G においても $|E| = |V| - 1$ となる．

(iii)⇒(i)．V を頂点集合とする辺数が最小の連結グラフは木であるから，その辺数は $|V| - 1$ である．G の辺数も $|V| - 1$ であるから，G は V を頂点とする辺数が最小の連結グラフである． $\square$

問題 2.1

頂点数 $n \geq 2$ の木には，次数が 1 の頂点が 2 個以上あることを示せ（次数 1 の頂点の個数を k として，握手補題を用いて $k \geq 2$ を示せ）．

問題 2.2

次数が 4 と 1 の頂点しか持たない木で，次数 4 の頂点が k 個

のとき，次数 1 の頂点は何個あるか．

問題 2.3

　頂点数が n で，連結成分の個数が k の林の辺数は $n-k$ である
ことを示せ．

問題 2.4

　グラフ □ の全域木を列挙せよ．

　ループを持たない擬グラフ G に対して，G の全域木の個数を
$t(G)$ で表す．例えば，$t(K_3) = 3$, $t(K_{2,2}) = 4$ である．この $t(G)$
についての漸化式を与えよう．

　ループを持たない擬グラフ G の辺 e に対して，G から辺 e を除
いたグラフを $G-e$ で表す．また，G から辺 e を除き，e の両端を
同一視し，その結果生ずるループも除いて得られるグラフを G/e
で表す（図 2-2 を参照せよ）．この操作を辺 e の縮約という．

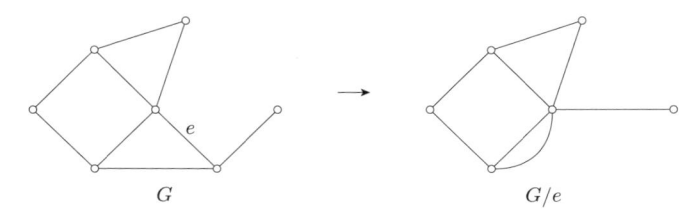

図 2-2　辺 e の縮約

定理 2.2

　ループを持たない擬グラフ G の任意の辺 e について，漸化
式

$$t(G) = t(G - e) + t(G/e)$$

が成立する.

[証明] G の全域木を，辺 e を含むものと辺 e を含まないものに分けて考える．まず，G の全域木で辺 e を含まないものは，$G-e$ の全域木であり，また，明らかに $G-e$ の全域木は辺 e を含まない．したがって，辺 e を含まないような G の全域木の個数は $t(G-e)$ に等しい．一方，辺 e を含むような全域木 T において，辺 e を縮約すると，G/e の全域木が得られる．また，対応 $T \to T/e$ は明らかに，G の辺 e を含む全域木の集合から，G/e の全域木の集合への全単射である．ゆえに，辺 e を含むような全域木の個数は $t(G/e)$ に等しい．したがって，$t(G) = t(G-e) + t(G/e)$ が成立する． $\square$

問題 2.5

K_4 から 1 辺を除いたグラフ G について，定理 2.2 の漸化式を用いて $t(G)$ を計算せよ．

2.2 重みつきグラフの最小全域木

図 2-3 で示されたグラフのように，各辺に正の数値が割り当てられているグラフを，**重みつきグラフ**という．辺に割り当てられた数値をその辺の**重み**という．重みつきグラフ G の部分グラフ H の辺の重みの総和を，部分グラフ H の**重さ**という．連結な重みつきグラフ G の，重さが最小の全域木を G の**最小全域木**と呼ぶ．

連結な重みつきグラフの最小全域木を求めるには，頂点数より 1 個少ない個数の辺を，サイクルが生じないように，しかも重みの総和が最小となるように選ばなければならない．それには，すべての

辺の中から，重みが最小の辺を 1 つ選び，その後は次のようにして続けていけばよい.

　既に選んだ辺と合わせてもサイクルができな

　いような辺の中から，重みが最小の辺を選ぶ.

この方法を**クルスカルの方法**という. この方法で，最小全域木が得られることの証明は後で行う.

問題 2.6

図 2-3 の重みつきグラフの最小全域木を求めよ.

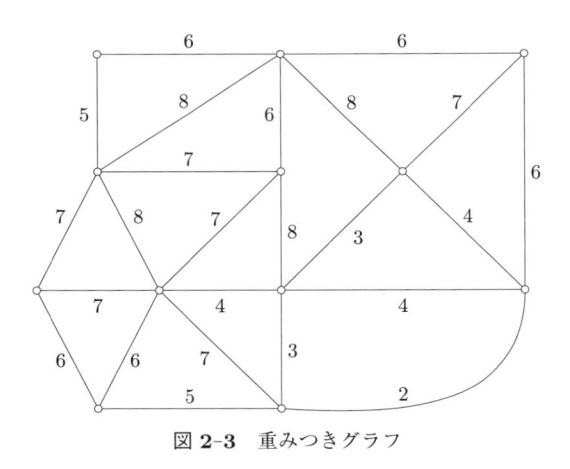

図 **2-3**　重みつきグラフ

例題 2.2

　図 2-4 は 9 つの海底油田の位置を示す地図である. これら 9 つの油田をつなぐパイプラインを設置したい. パイプラインの全長を最小にするにはどのように設置すればよいか. ただし，油田のある場所以外でのパイプラインの枝分かれはできない.

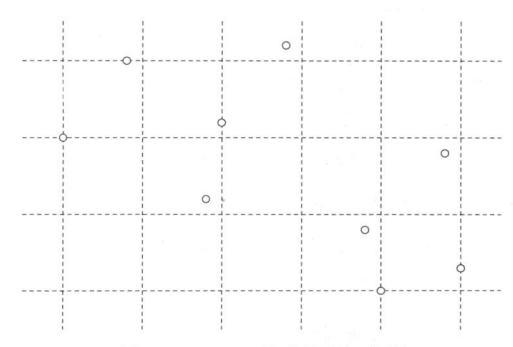

図 2-4　9つの海底油田の位置

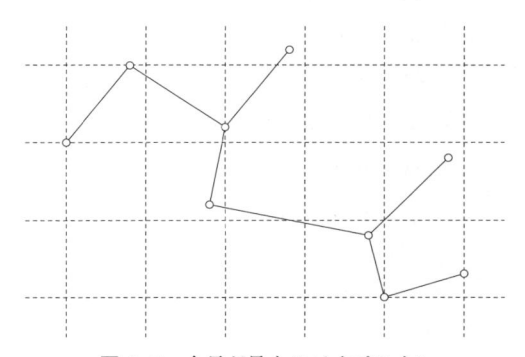

図 2-5　全長が最小のパイプライン

[解答]　9つの油田を頂点とする完全グラフを考え，2つの頂点を結ぶ辺には，頂点間の直線距離が重みとしてついているものと考える．クルスカルの方法で，最小全域木を求めると，図2-5のようになる．この最小全域木で示されるようなパイプラインを設置すれば，全長が最小のパイプラインが得られる．　　　　　　　　　□

　さて，クルスカルの方法で得られる全域木が最小全域木となることの証明に移ろう．そのため，1つ補題を用意する．

補題 2.1

S と T を連結なグラフ G の 2 つの全域木で異なるものとする. S に含まれないような T の任意の辺 a に対して,次の条件 (1), (2) を満たすような S の辺 b が存在する.

(1) 辺 b は T に含まれない.

(2) S から b を除き a を加えたものは木である.

[証明] G の頂点数を n とする. S に辺 a を追加したグラフを $S + a$ で表す. $S + a$ の辺数は n であるから,木ではない. したがって,$S + a$ は辺 a を含むようなサイクル C がある. このサイクル C には,T に含まれないような辺 b が存在する(さもないと,T がサイクル C を含むことになる). $S + a$ から,辺 b を除くと連結なグラフが得られる. このグラフの辺数は $n - 1$ であるから,それは木である. よって (1), (2) を満たすような辺 b が存在する.   □

定理 2.3

連結な重みつきグラフ G において,クルスカルの方法で得られる全域木は最小全域木である.

[証明] (i) はじめに,G の辺の重みがすべて異なる場合を考えよう. S を G の最小全域木とし,T をクルスカルの方法で得られた木とする. S と T が異なると仮定して矛盾を導こう. T の辺の中に S に含まれないものがある. T の辺を重みが小さい順に,$a_1, a_2, a_3, \ldots$ とし,S に含まれないものの中で重みが最小のものを a_j とする. S の辺で T に含まれないものの重みは,すべて a_j の重みより大きい. (もし,a_j より重みの小さい辺 $a' \notin \{a_1, a_2, \ldots, a_{j-1}\}$ が S にあるとしたら,$a_1, a_2, \ldots, a_{j-1}$ に a' を加えてもサイクルは生じないから,クルスカルの方法で T を作るとき,辺 a_j より先に辺 a' が選ばれたは

ずである）.

　補題 2.1 により，この辺 a_j に対して，T には含まれないような S の辺 b を選び，S から辺 b を除き，辺 a_j を加えることによって木 S' を作ることができる．b の重みは a_j の重みより大きいから，S' の重さは S の重さより小さい．これは S が最小全域木だったことに矛盾する．ゆえに，$S = T$ である．

　(ii) 次に，G には重みの等しい辺がある場合を考えよう．例えば，G には 10 個の辺があり，それらの重みが

$$2, 2, 3, 3, 3, 4, 5, 6, 6, 7$$

であるとしてみる．この場合，各辺の重みをほんの少し変えて，例えば，

$$2.001, 2.002, 3.001, 3.002, 3.003, 4, 5, 6.001, 6.002, 7$$

とした重みつきグラフを G' とする．G の最小全域木を S，クルスカルの方法で得られた全域木を T とし，G' の最小全域木を S'，クルスカルの方法で得られた木を T' とする．G' の辺の重みはすべて異なるから，(i) により $S' = T'$ である．S と S' の重さはたかだか（端数の合計）0.012 しか違わない．また，T と $T' = S'$ の重さも，クルスカルの方法での全域木の作り方から，たかだか 0.012 しか違わない．ゆえに，S と T の重さもたかだか 0.024 しか違わない．ところが，S, T の重さはいずれも整数であるから，S と T は同じ重さの全域木である．つまり，T も最小全域木（の 1 つ）なのである．　　　　□

問題 2.7

　連結な重みつきグラフにおいて，重さが最大の全域木を見つけるにはどうすればよいか．

シュタイナーの最小木 〰〰〰〰〰〰〰〰〰〰〰 コラム 〰〰

　　例題 2.2 では，油田のある場所以外でのパイプライン
の枝分かれはできないという条件が付いていた．この条
件を外すと，一般には，例題 2.2 の解答のような（クル
スカルの方法で得られる）パイプラインより全長を短く
することができる．例えば，4 点が図 2-6(a) のような
長方形の 4 頂点の場合，クルスカルの方法で得られる
木は長方形の周から長いほうの 1 辺を消したものにな
る．しかし，図 2-6(b) のように結ぶと，パイプライン
の全長をもっと短くできる．このように，平面上に与え
られた有限個の点集合 X に対して，X を頂点集合の一
部とするような木の中で辺の長さの和が最小となる木
を，X の点を結ぶ**シュタイナーの最小木**という．残念
ながら，平面上に与えられた任意の点集合に対して，そ
れらを結ぶシュタイナー最小木を見つける効率のよい方
法は知られてない．

(a) 　　　　　　　　　　　　(b)

図 **2-6**　(a) の 4 点を結ぶシュタイナー最小木 (b)

2.3　行列と木の定理

　　頂点数 n の擬グラフ G の頂点には，一連番号 $(1, 2, \ldots, n)$ が振
られているとする．ループを持たない擬グラフ G に対して，G の
頂点の次数を主対角線上に並べた対角行列を G の**次数行列**という．
例えば，図 2-7 のグラフの次数行列は

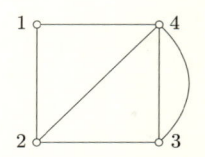

図 2-7 ループを持たない擬グラフ G

$$\begin{pmatrix} 2 & 0 & 0 & 0 \\ 0 & 3 & 0 & 0 \\ 0 & 0 & 3 & 0 \\ 0 & 0 & 0 & 4 \end{pmatrix}$$

である.

ループを持たない擬グラフ G に対して，行列 $M(G)$ を

$$M(G) = (G \text{ の次数行列}) - (G \text{ の隣接行列})$$

で定義する．$M(G)$ の行ベクトルをすべて加えると，0 ベクトルになることに注意しよう．したがって $\det M(G) = 0$ である.

この行列 $M(G)$ から，同じ番号の行と列を消して得られる行列の行列式を，グラフ G の**木行列式**と呼ぶ．どの番号の行と列を消すかによって，いろいろな木行列式が得られる.

例えば，図 2-7 のグラフ G の場合，

$$M(G) = \begin{pmatrix} 2 & 0 & 0 & 0 \\ 0 & 3 & 0 & 0 \\ 0 & 0 & 3 & 0 \\ 0 & 0 & 0 & 4 \end{pmatrix} - \begin{pmatrix} 0 & 1 & 0 & 1 \\ 1 & 0 & 1 & 1 \\ 0 & 1 & 0 & 2 \\ 1 & 1 & 2 & 0 \end{pmatrix} = \begin{pmatrix} 2 & -1 & 0 & -1 \\ -1 & 3 & -1 & -1 \\ 0 & -1 & 3 & -2 \\ -1 & -1 & -2 & 4 \end{pmatrix}$$

となり，これから，第 4 行と第 4 列を消して得られる行列の行列式

$$\begin{vmatrix} 2 & -1 & 0 \\ -1 & 3 & -1 \\ 0 & -1 & 3 \end{vmatrix}$$

が，G の木行列式の 1 つである．

　ループを持たない擬グラフ G に対して，G の全域木の個数を $t(G)$ で表した．また，G の任意の辺 e について，$t(G) = t(G - e) + t(G/e)$ が成立した．実は，グラフ G の木行列式の値は，すべて $t(G)$ に等しいのである．

定理 2.4　行列と木の定理

　頂点数が 2 以上のループを持たない擬グラフ G に対して，G の木行列式の値は全部同じで，G の全域木の個数 $t(G)$ に等しい．

この定理を証明する前に，2 つの補題を準備する．

補題 2.2

　ループを持たない擬グラフ G の辺 e が頂点 i と j を結んでいるとき，行列 $M(G)$ から，第 i 行と第 j 行，第 i 列と第 j 列を消して得られる行列の行列式は，グラフ G/e の（1 つの）木行列式である．

[証明]　G の頂点数を n とし，e を頂点 $n-1$ と頂点 n を結ぶ辺としよう（つまり，$i = n-1, j = n$ とする）．G/e において，e の両端を同一視した頂点には番号 $n-1$ が，残りの頂点には G と同じ番号 $1 \sim n-2$ がついているものとする．$M(G) = (m_{ij})$，$M(G/e) = (\tilde{m}_{ij})$ とおく．$M(G)$ は n 次の行列，$M(G/e)$ は $(n-1)$ 次の行列で

ある．また，$i < n-1, j < n-1$ のときは，明らかに $m_{ij} = \tilde{m}_{ij}$ であるから，$M(G)$ から最後の 2 行と最後の 2 列を除いて得られる $(n-2)$ 次の行列と，$M(G/e)$ から，最後の 1 行と最後の 1 列を除いて得られる $(n-2)$ 次の行列は同じ行列である．ゆえに，$M(G)$ から最後の 2 行と最後の 2 列を除いた行列の行列式は，G/e の木行列式である． $\qquad\square$

補題 2.3

任意の正方行列 P に対して，

$$\begin{vmatrix} a & \cdots \\ \vdots & P \end{vmatrix} = \begin{vmatrix} a-1 & \cdots \\ \vdots & P \end{vmatrix} + |P|$$

[証明]　第 1 行，または第 1 列に関する行列式の展開から，明らか． $\qquad\square$

行列と木の定理の証明に移ろう．

[定理 2.4 の証明]　G を頂点数が 2 のループを持たない擬グラフとする．G の辺数が m のとき，G の全域木の個数は明らかに m である．一方

$$M(G) = \begin{pmatrix} m & -m \\ -m & m \end{pmatrix}$$

であるから，G の木行列式の値はいずれも m である．よって，頂点数が 2 の場合，定理は正しい．

頂点数が 3 以上の場合も定理が正しいことを，辺数についての帰納法で示そう．頂点数が 3 以上で，辺数が 1 以下の場合は，G の木行列式の値はいずれも 0 であり，$t(G) = 0$ である．頂点数が 3 以上

で辺数が $m-1$ 以下のループを持たない擬グラフについては定理は正しいと仮定して，G を頂点数が3以上で辺数 m のループを持たない擬グラフとしよう．G の任意の頂点 j に対して，$M(G)$ から，第 j 行と第 j 列を消して得られる木行列式を Δ とする．以下，$\Delta = t(G)$ となることを示す．

まず，頂点 j が G の孤立点なら，G から頂点 j を除いたグラフを G' とすると，$\Delta = \det M(G')$ となる．先に注意したように，$\det M(G') = 0$ であるから，$\Delta = 0$ となる．また，j が孤立点なら，G は非連結であるから，$t(G) = 0$ である．つまり，j が孤立点の場合は，$\Delta = t(G)$ となっている．

次に，頂点 j は孤立点ではないとしよう．この場合 G には j を端点とする辺 $e = ij \, (i \neq j)$ が存在する．Δ の (i, i) 要素を d とすると，

$$\Delta = \begin{vmatrix} A & \vdots & B \\ \dots & d & \dots \\ C & \vdots & D \end{vmatrix}$$

と書ける．補題 2.3 と同様にして，

$$\begin{vmatrix} A & \vdots & B \\ \dots & d & \dots \\ C & \vdots & D \end{vmatrix} = \begin{vmatrix} A & \vdots & B \\ \dots & d-1 & \dots \\ C & \vdots & D \end{vmatrix} + \begin{vmatrix} A & B \\ C & D \end{vmatrix}$$

となる．右辺の第1の行列式は $G - e$ の木行列式である（$M(G-e)$ の第 j 行と第 j 列を消して得られる木行列式である）．また，右辺の第2の行列式は，補題 2.2 により，G/e の木行列式である．帰納法の仮定により，右辺は $t(G-e) + t(G/e)$ に等しい．定理 2.2 により，$t(G) = t(G-e) + t(G/e)$ であるから，$t(G)$ は G の木行列式 Δ の値に等しい． $\square$

定理 2.5 | **Cayley の公式**

　K_n の全域木の個数は n^{n-2} に等しい.

[証明]　計算過程をはっきりさせるため, $n = 4$ の場合を考えよう.
K_4 の木行列式の値を計算するため, 行列の次数を一つ上げて

$$\begin{vmatrix} 3 & -1 & -1 \\ -1 & 3 & -1 \\ -1 & -1 & 3 \end{vmatrix} = \begin{vmatrix} 3 & -1 & -1 & 1 \\ -1 & 3 & -1 & 1 \\ -1 & -1 & 3 & 1 \\ 0 & 0 & 0 & 1 \end{vmatrix}$$

最後の列を他のすべての列に加え, その後, 最後の行に他のすべての
行の $-1/4$ 倍を加えると

$$= \begin{vmatrix} 4 & 0 & 0 & 1 \\ 0 & 4 & 0 & 1 \\ 0 & 0 & 4 & 1 \\ 1 & 1 & 1 & 1 \end{vmatrix} = \begin{vmatrix} 4 & 0 & 0 & 1 \\ 0 & 4 & 0 & 1 \\ 0 & 0 & 4 & 1 \\ 0 & 0 & 0 & 1/4 \end{vmatrix} = 4^{4-2}$$

となる.　　　　　　　　　　　　　　　　　　　　　　　　　□

例題 2.3 |

　図 2-8 は正 8 面体のグラフを, 辺が交差しないように平面上に
描いたものである. このグラフの全域木の個数を求めよ.

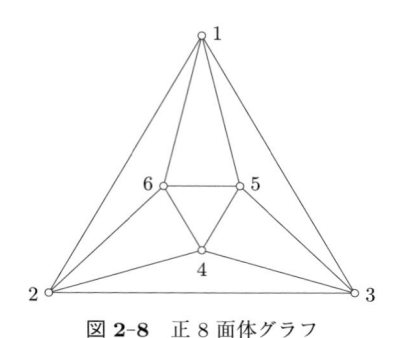

図 2-8　正 8 面体グラフ

[解答]　正 8 面体グラフを G とする．図 2-8 のような頂点の番号づけに関して，

$$M(G) = \begin{pmatrix} 4 & -1 & -1 & 0 & -1 & -1 \\ -1 & 4 & -1 & -1 & 0 & -1 \\ -1 & -1 & 4 & -1 & -1 & 0 \\ 0 & -1 & -1 & 4 & -1 & -1 \\ -1 & 0 & -1 & -1 & 4 & -1 \\ -1 & -1 & 0 & -1 & -1 & 4 \end{pmatrix}$$

となる．最後の行と最後の列を消して，木行列式を計算すると

$$\begin{vmatrix} 4 & -1 & -1 & 0 & -1 \\ -1 & 4 & -1 & -1 & 0 \\ -1 & -1 & 4 & -1 & -1 \\ 0 & -1 & -1 & 4 & -1 \\ -1 & 0 & -1 & -1 & 4 \end{vmatrix} = 384.$$

□

第 3 章

周遊・巡回の問題

　平面上に描いたグラフ G を道路網とみなして，G のすべての辺をちょうど 1 回ずつ通っていく道筋が存在するとき，その道筋をオイラー小道という．すべての辺を 1 回ずつ通って，出発点に戻ることができるとき，その通った道筋をオイラー回路という．これに対し，グラフの辺を通って，すべての頂点をちょうど 1 回ずつ訪れるようなルートをハミルトンパスといい，すべての頂点をちょうど 1 回ずつ訪れて出発点に戻ってくるような巡回ルートをハミルトンサイクルという．

　グラフにオイラー回路が存在するための必要十分条件は，そのグラフが連結で，各頂点の次数が偶数であるということである．グラフにハミルトンサイクルが存在するための便利な必要十分条件は知られてない．いくつかの必要条件や，十分条件を紹介する．

ハミルトン

3.1　オイラー小道とオイラー回路

グラフ G の頂点 $x_0, x_1, \ldots, x_k$ と辺 $a_1, a_2, \ldots, a_k$ の交互列

$$x_0 a_1 x_1 a_2 x_2 \cdots x_{k-1} a_k x_k$$

で，(1) 辺 $a_1, \ldots, a_k$ はすべて異なり，しかも (2) 各辺 a_i はその前後の頂点 x_{i-1}, x_i を結ぶ辺となっているものを，G の小道 (trail) という．この交互列では，同じ頂点が何回か繰り返し現れてもよい．x_0, x_k をこの小道の始点，終点という．まぎれる心配がなければ，小道をそれに現れる辺の列で表すことができる．例えば，図 3-1 のグラフで，$a_1 a_2 a_6 a_5$ は y_0 を始点，y_4 を終点とする小道である．

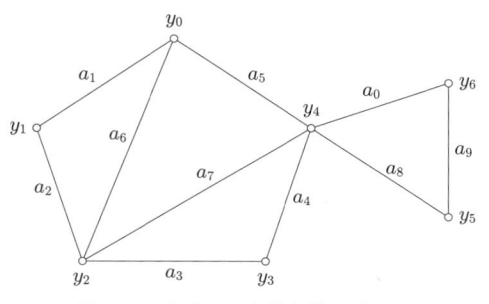

図 3-1　オイラー小道を持つグラフ

グラフのパスはそのグラフの部分グラフであるが，小道は部分グラフではなく，辺のたどり方を示すための「列」であることに注意する．グラフの小道で，始点と終点が一致するものを回路 (circuit) という．例えば，$a_7 a_6 a_1 a_2 a_3 a_4$ は図 3-1 のグラフの 1 つの回路である．グラフのすべての頂点とすべての辺を通る小道があれば，それをオイラー小道といい，すべての頂点とすべての辺を通る回路があれば，それをオイラー回路，または，周遊路という．図

3-1 のグラフにはオイラー回路は存在しないが，オイラー小道は存在する．小道 $a_1 a_2 a_3 a_4 a_5 a_6 a_7 a_8 a_9 a_0$ が，1つのオイラー小道になっている．オイラー小道を持つグラフは，そのグラフが「一筆書き」できることと同じである．

定理 3.1

　グラフ G がオイラー回路を持つための必要十分条件は，G が連結でしかも奇点を持たないことである．

注 3.1

　この定理は G が擬グラフでも成り立つ．

[証明]　(1) G に頂点 x から出発し，頂点 x に戻ってくるオイラー回路があるとせよ．G が連結であるのは明らかである．頂点 x から出発し，このオイラー回路に沿って進み，通った辺を消していくことにする．x 以外のある頂点 y を通過して次の頂点に達すると，頂点 y に入る辺と，頂点 y から出る辺が消される．つまり，x 以外のある頂点を通過するたびに，その頂点の次数は 2 ずつ減る．オイラー回路を 1 周し，辺がすべて消された時点で，頂点の次数はすべて 0 になる．したがって，x 以外の頂点のもともとの次数は偶数である．奇点定理により，奇点の個数は偶数であるから，頂点 x だけが奇点のはずはない．x の次数も偶数である．

　(2) G は連結で奇点を持たないとせよ．G の小道で最も多くの辺を含むものを C とする．まず，C は回路であることを示そう．そのため，C の始点を x，終点を y とし，$x \neq y$ とせよ．(1) と同じように，x から出発して C に沿って進み，通過するたびに辺を消していくことを考える．途中で y を通過するたびに y に接続する辺が 2 つずつ消え，最後に y に到着したとき y に接続する辺が 1 つ消える．とこ

ろが, y の次数は偶数であるから, まだ y に接続する辺が消されずに残っているはずである. したがって, C をさらに延長して, C より多くの辺を含む小道に拡大することができる. これは, C が最も多くの辺を含む小道であったことに反する. ゆえに C は回路である.

　次に C が G のオイラー回路であることを示そう. C に現れる頂点 y に接続する辺 a で C に含まれないものがあるとすると, C は回路だから, y から出発して C の描く回路を 1 周して y に戻る小道が存在する. これに辺 a を継ぎ足すと, C より多くの辺を含む小道が得られることになり, C が最も多くの辺を含む小道であったことに矛盾する. したがって, C に現れる頂点に接続する辺はすべて C に含まれている. これは, C に現れる頂点と辺からなる部分グラフが G の 1 つの連結成分であることを意味する. ところが, G は連結だから, 成分は 1 つしかない. ゆえに C は G のすべての頂点とすべての辺を通る. つまり, C は G のオイラー回路である. 　　　　　□

問題 3.1

　グラフ G が連結で, ちょうど 2 つの奇点を持つなら, G にはオイラー小道が存在することを示せ.

問題 3.2

　連結グラフ G の奇点の個数が $2n\,(\geq 2)$ なら, 互いに辺を共有しないような n 個の小道で G を覆うことはできるが, 互いに辺を共有しないような $n-1$ 以下の小道で G を覆うことはできない. これを示せ.

例題 3.1　　ケーニヒスベルグの橋の問題

　4 つの地点 A, B, C, D を隔てる川に, 図 3-2 のように 7 つの橋が架けられている. これらの 7 つの橋をすべて 1 回ずつ通るよ

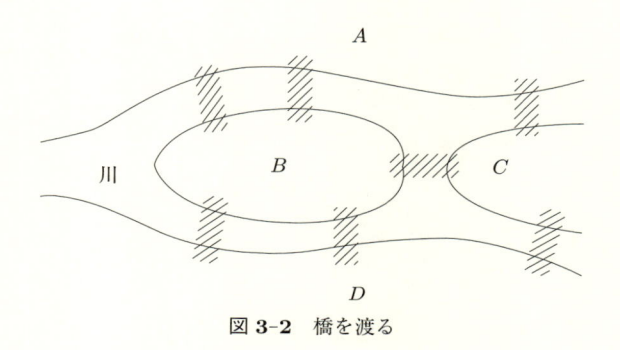

図 3-2 橋を渡る

うなルートが存在するか.

[解答] この問題は，図 3-3 の擬グラフにオイラー小道があるかという問題と同値である．この擬グラフには奇点が 4 つあるから，オイラー小道は存在しない．したがって，もとの問題で，7 つの橋を 1 回ずつ通るルートも存在しない.

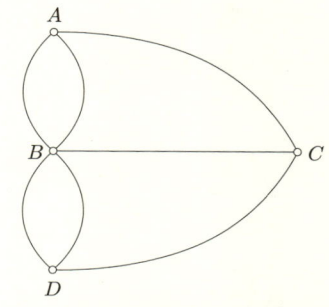

図 3-3 橋を渡る問題に対応する擬グラフ

□

例題 3.2

図 3-4 のような道路網がある．● で示された位置にいる散水車がすべての道路に散水して元の位置に戻ってくるのに必要な最小距離はいくらか．ただし 1 区画の距離は 1 km である.

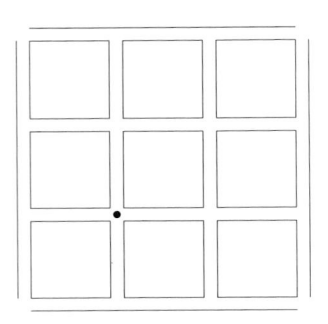

図 **3-4**　散水

[解答]　この道路網を，交差点を頂点とするグラフで表すと，図 3-5(a) のようなグラフになる．このグラフには 8 個の奇点 $x_1, x_2, x_3,$ $\ldots, x_8$ がある．このグラフに辺を付け加えて奇点を持たないグラフにするには，少なくとも 4 つの辺を付け加える必要がある．付け加える辺の両端の距離の和を最小にするには，x_1 と x_2，x_3 と x_4，x_5 と x_6，x_7 と x_8 を結ぶ辺を加えればよい．したがって，散水車が回って戻ってくるのに必要な最小距離は，$24 + 4 = 28$ km となる（実際，U ターンもしないで，28 km の走行で図 3-5(b) のように回ることができる）．　　　　　　　　　　　　　　　　　　　　　　　　　　　□

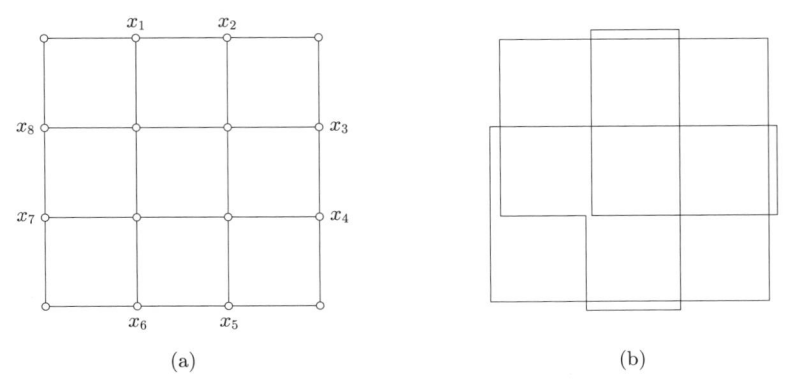

(a)　　　　　　　　　　　　　　　　　　(b)

図 **3-5**　道路網のグラフ (a) と散水車のルート (b)

3.2　フラーリのアルゴリズム

　連結グラフから，1 辺 a を除いたら非連結なグラフになるとき，
a をそのグラフの橋と呼ぶ．図 3-6 のグラフの辺 a は橋である．次
数 1 の頂点に接続する辺はすべて橋である．

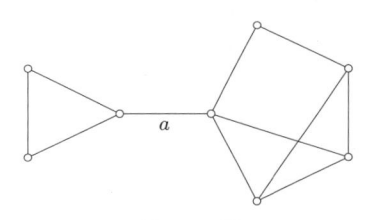

図 3-6　橋

　橋を持つグラフには，必ず奇点が存在する．実際，G を橋 a を
持つ連結グラフとすると，G から辺 a を除くと，2 つの連結成分を
持つグラフが得られる．それぞれの成分の奇点の個数は偶数であ
る．一方の成分が複数個の奇点を持つなら，明らかに元のグラフ
G も奇点を持つ．どちらの成分も奇点を持たなければ，元のグラ
フでは a の両端は奇点である．

　奇点を持たない連結グラフが与えられたとき，そのオイラー回路
の 1 つを見つけるには，任意の頂点から出発し，次のやり方で辺
を通過していけばよい．

　1. 通った辺を取り除き，生じた孤立点も取り除く．

　2. その結果生じた橋は，他に通る辺がないときに限り通る．

この方法をフラーリのアルゴリズムという．

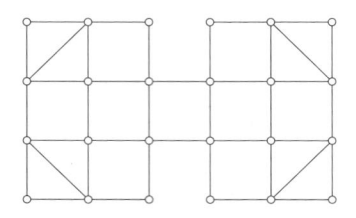

図 3-7　オイラー回路は？

問題 3.3

　図 3-7 のグラフのオイラー回路を見つけよ.

3.3　ハミルトンパスとハミルトンサイクル

　グラフ G のすべての頂点を通るパスを，G のハミルトンパスといい，すべての頂点を通るサイクルを G のハミルトンサイクルという（もちろん，ハミルトンパスやハミルトンサイクルはすべての辺を通るとは限らない）．ハミルトンサイクルを持つグラフをハミルトングラフという．頂点数 n が 3 以上の完全グラフ K_n は，明らかにハミルトンサイクルを持つから，ハミルトングラフである．

問題 3.4

　図 3-8 は正 12 面体の頂点と辺からなるグラフを，平面上に辺どうしが交わらないように描いたものである．このグラフはハミルトンサイクルを持つことを示せ．

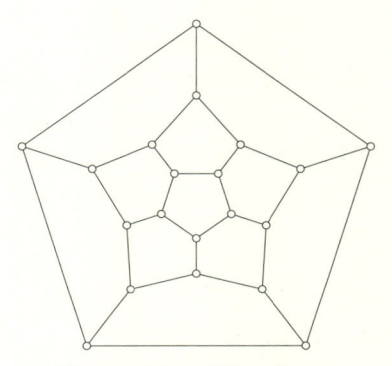

図 3-8 正 12 面体のグラフ

定理 3.2

グラフ G がハミルトングラフのとき，G の頂点集合の任意の部分集合 S に対して，

$$G - S \text{ の連結成分の個数} \leq |S|$$

が成り立つ．ここで，$G - S$ は G から，S に属する頂点とそれらに接続する辺をすべて除いた残りとして得られるグラフを示す．

[証明] G のハミルトンサイクルを 1 本のロープの輪とみなす．G から S に属する頂点を除くことで，このロープの輪は $|S|$ 個の点で切られ，$|S|$ 個の断片に分けられる．S の頂点に接続する辺を除くことで，これらの断片のいくつかはなくなる可能性がある．したがって，残るロープの断片はたかだか $|S|$ 個である．$G - S$ の頂点はすべてこれらの断片に属しているから，$G - S$ の連結成分の個数は $|S|$ 個以下である． ☐

問題 3.5

　グラフ G がハミルトンパスを持つならば，G の頂点集合の任意の部分集合 S に対して，$G - S$ の連結成分の個数は $|S| + 1$ 以下であることを示せ．

問題 3.6

　2 部分割 (X, Y) を持つ 2 部グラフ G がハミルトングラフなら，$|X| = |Y|$ であることを示せ（したがって，ハミルトングラフである 2 部グラフの頂点数は偶数である）．

問題 3.7

(1) 図 3-9(a) のグラフはハミルトングラフか．
(2) 図 3-9(b) のグラフはハミルトングラフではないことを示せ．

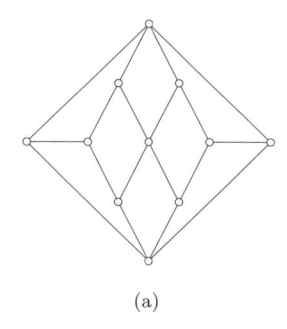
(a)

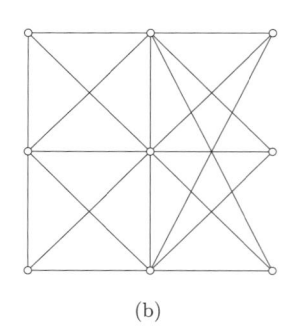
(b)

図 **3-9**　問題 3.7

問題 3.8

　図 3-10 のように，正方形を縦に m 個，横に n 個，合計 mn 個並んでいる図で表されるグラフを **$m \times n$ グリッド**と呼ぶ．$m \times n$ グリッドがハミルトングラフであるための必要十分条件は，頂点

数 $(m+1)(n+1)$ が偶数であることである．これを示せ．

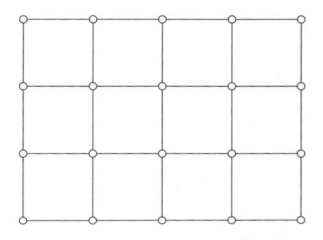

図 3-10　3×4 グリッドグラフ

定理 3.3

頂点数 n の連結グラフ G がハミルトンパス P を持ち，P の両端 x, y が $\deg x + \deg y \geq n$ を満たすなら，G はハミルトングラフである．

[**証明**]　ハミルトンパス P に現れる頂点を x から順に

$$x = z_1, z_2, \ldots, z_n = y$$

とする．まず，次の条件 (3.1) を満たすような $z_i\,(1 < i \leq n)$ が存在することを示そう．

$$x \text{ は } z_i \text{ に隣接し，} y \text{ はその直前の } z_{i-1} \text{ に隣接する} \qquad (3.1)$$

$i = 2, 3, \ldots, n$ のすべてについて (3.1) が成り立たないと仮定する．$\deg x = k$ とすると，x に隣接する頂点の各々について，y に隣接しない (直前の) 頂点が存在する．よって，$\deg y \leq n - 1 - k$ である．これから，

$$\deg x + \deg y \leq k + n - 1 + k \leq n - 1$$

となり，$\deg x + \deg y \geq n$ という仮定に反する．

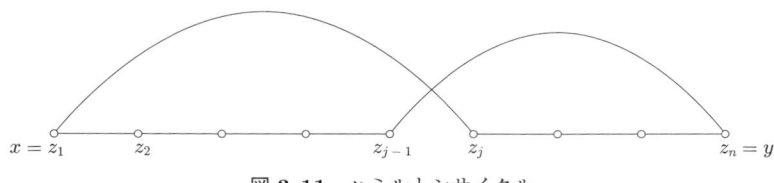

図 3-11 ハミルトンサイクル

さて，G において，x と z_j が隣接し，y と z_{j-1} が隣接するとせよ（$2 \geq j \leq n$ である）．この場合，G において図 3-11 に示されるようなハミルトンサイクルが存在することになる． □

定理 3.4 | **オアの定理**

頂点数 $n \geq 3$ のグラフ G において，条件

頂点 x と y が隣接しない $\Rightarrow \deg x + \deg y \geq n$ (3.2)

が成り立つなら，グラフ G はハミルトングラフである．

[証明] 条件 (3.2) を満たすような n 頂点グラフで，ハミルトングラフでないようなものが存在すると仮定して，矛盾を導こう．そのような n 頂点グラフのうち，辺数が最大のものがあるはずであるから，辺数が最大のもの（の1つ）を H とする．H はハミルトングラフではないから，完全グラフではない．したがって，隣接しない2頂点 x, y がある．H に x, y を結ぶ辺を追加したグラフ（$H + xy$ で表す）は，H より辺数が多いからハミルトングラフである．$H + xy$ のハミルトンサイクルは辺 xy を含む（さもないと，H がハミルトングラフだったことになる）．このハミルトンサイクルから，辺 xy を除いたものは，x, y を両端とする H のハミルトンパスである．H において，$\deg x + \deg y \geq n$ であったから，定理 3.3 により，H はハミルトングラフということになる．これは，H の決め方に矛盾する． □

系 3.1　ディラックの定理

頂点数 $n \geq 3$ のグラフ G の頂点の次数がすべて $n/2$ 以上なら，G はハミルトングラフである.

例題 3.3

頂点数 $n \geq 2$ のグラフ G の頂点次数がすべて $(n-1)/2$ 以上なら，G はハミルトンパスをもつことを示せ.

[解答]　G に新しい頂点 z を追加し，さらに z と他の頂点を結ぶ n 本の辺を追加して得られるグラフを G' とする.　G' は頂点数 $n+1$ のグラフで，どの頂点の次数も $(n-1)/2 + 1 = (n+1)/2$ 以上である.　したがって，ディラックの定理により，G' はハミルトングラフである.　G' のハミルトンサイクルから，頂点 z とそれに接続する 2 辺を除くと，G のハミルトンパスが得られる.　　　　　□

例題 3.4

完全グラフ K_7 は互いに辺を共有しないような 3 つのハミルトンサイクルを持つことを示せ.

[解答]　K_7 を正 6 角形 $x_1 x_2 x_3 x_4 x_5 x_6$ の 6 つの頂点とその中心 x_7 をすべて結んだグラフとして描く.　するとハミルトンサイクル

$$x_7 x_1 x_2 x_6 x_3 x_5 x_4 x_7$$

（図 3-12）を正 6 角形の中心 x_7 のまわりに $120°$ および $240°$ 回転させると，新しく 2 つのハミルトンサイクルが得られる.　これら 3 つのハミルトンサイクルは辺を共有しない.

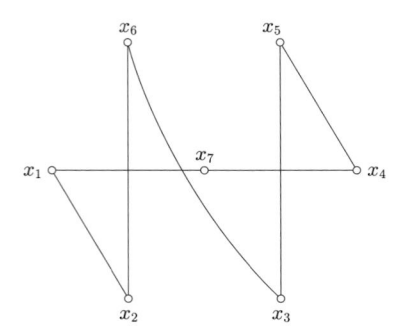

図 3-12　K_7 のハミルトンサイクル

第 4 章

平面グラフ・彩色問題

　平面上に辺が交差しないように描くことができるグラフを平面的といい，そのように描いたグラフ（図形）を平面グラフという．連結平面グラフは平面をいくつかの領域に分ける．この場合，この領域の個数と，グラフの頂点数，辺数の間には，オイラーの公式と呼ばれる関係式が存在する．オイラーの公式を用いると，頂点数 n の平面グラフが持ち得る辺の本数の上限等が決定される．

　グラフの辺を色鉛筆で描き，同一の頂点を端点とする辺はすべて異なる色になるようにすることを，グラフの辺彩色という．これに対して，グラフの頂点に色を付け，隣接する頂点どうしは異なるようにすることをグラフの頂点彩色という．グラフの辺彩色，あるいは頂点彩色するのに必要な色の個数に関して，容易に得られる結果を証明する．平面的グラフの頂点彩色数は 4 以下であるというのが有名な 4 色定理である．

オイラー

4.1　平面グラフとオイラーの公式

　平面上に描いたグラフで，辺どうしが途中で交わらないように描いたものを**平面グラフ**という．平面グラフとして描くことができるグラフは**平面的**であるという．例えば，図 4-1(a) で表されるグラフ（K_5 から 1 辺を除いたグラフ）は図 4-1(b) のように描くことができるから，平面的であり，(b) のように描かれたグラフは平面グラフである．

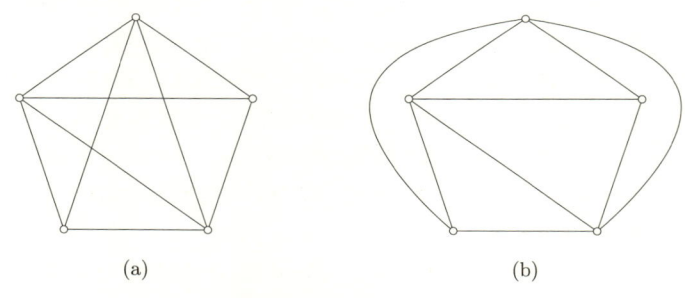

(a)　　　　　　　　　　　　　　(b)

図 4-1　平面的なグラフ (a) と平面グラフ (b)

問題 4.1

　完全 2 部グラフ $K_{3,3}$ から 1 辺を除いたグラフは平面的であることを示せ．

　平面グラフ G は平面をいくつかの領域[1]に分割する．例えば，図 4-1(b) の平面グラフは平面を 6 個の領域（5 個は有界な領域，1 個は無限領域）に分割する．平面グラフを考える上で基礎となる次の 2 つの事実は，証明なしで認めることにしよう．

---

1)　領域内の任意の 2 点は，その領域内を通る単純曲線で結ぶことができる

- F1 平面グラフとして描かれたサイクルは平面を 2 つの領域に分割し，サイクルの各辺の両側は異なる領域となる．
- F2 平面グラフとして描かれた木は平面を分割しない．

平面グラフ G が分割する平面の各領域を，平面グラフ G の**面** (face) と呼ぶ．その個数を G の**面数**という．平面グラフ G が木なら，F2 により，その面数は 1 であり，サイクルなら，F1 により，その面数は 2 である．平面グラフ G の辺で，その片側または両側が面 α であるような辺を，α の境界辺という．α のすべての境界辺とそれらの端点からなる部分グラフを面 α の**境界**という．

問題 4.2

連結平面グラフ G のどの面の境界も偶サイクルなら，G は 2 部グラフであることを示せ．

（平面グラフのサイクルはすべて単純閉曲線である．G が奇サイクル C を含むと仮定して，G から C の外部にある頂点，辺を消し去って得られる部分グラフの辺数について考えてみよ．）

この節では，グラフの頂点数，辺数，面数を，それぞれ，v, e, f で表すことにする．

定理 4.1

連結な平面グラフでは，オイラーの公式

$$v - e + f = 2$$

が成立する．

[証明] 証明は，連結な平面グラフの面数 f についての帰納法による．

　(i) $f = 1$ となる連結平面グラフ G は，サイクルを持たない（G がサイクルを持つなら，F1 により，その面数は 2 以上となる）．したがって，G は木であるから，$v - e = 1$ である．ゆえに，$f = 1$ の連結平面グラフではオイラーの公式が成立する．

　(ii) $f = n (\geq 1)$ の連結平面グラフについてはオイラーの公式が成り立つと仮定し，G を $f = n + 1$ の連結平面グラフとせよ．$n + 1 \geq 2$ であるから，G は木ではなく，サイクルを含む．サイクル上の辺を a として，G から a を除いたグラフを H とする．例題 1.5 により，H は連結平面グラフである．G において，辺 a の両側の領域は異なる面であったが，H では，同じ面になるから，H の面数は n である．したがって帰納法の仮定により，H ではオイラーの公式が成立する．G は H と頂点数は同じであり，辺数と面数は 1 ずつ多いが，これらはオイラーの公式の左辺の計算では相殺するから，G でもオイラーの公式が成立する．　　　　　　　　　　　　　　　□

定理 4.2

　G を $v \geq 3$ なる平面グラフとすると

$$e \leq 3v - 6$$

が成立する．さらに，G が長さ 3 のサイクルを持たなければ

$$e \leq 2v - 4$$

が成立する．

[証明]　G が非連結な平面グラフなら，さらに辺を追加して連結な平面グラフにできるから，G が連結な場合を考えてよい．G の各辺の両側に小石が 1 個ずつ置かれていると想像せよ（図 4-2 参照）．小石の総数は辺数の 2 倍 $2e$ に等しい．G は少なくとも 2 個以上の辺をも

つから，G の各面には少なくとも 3 個以上の小石が置かれていること
になる．したがって

$$3f \leq 小石の総数 = 2e$$

となる．これと，G についてのオイラーの公式を 3 倍したもの

$$3v - 3e + 3f = 6$$

から，$3v - 3e + 2e \geq 6$，すなわち，$e \leq 3v - 6$ が得られる．

G が長さ 3 のサイクルを持たなければ，各面には少なくとも 4 個
の小石が置かれていることになるから，$4f \leq 2e$ となり，これとオイ
ラーの公式から，$e \leq 2v - 4$ が得られる．

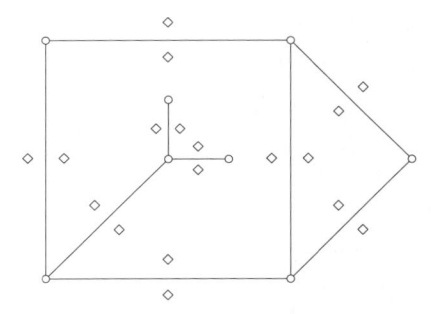

図 4-2　各辺の両側に小石をおく

$\square$

系 4.1

（i) 完全グラフ K_5 は平面的でない．(ii) 完全 2 部グラフ $K_{3,3}$
は平面的ではない．

問題 4.3

定理 4.2 から系 4.1 を導け．

連結でない平面グラフも，平面をいくつかの面（領域）に分ける．

定理 4.3

平面グラフ G が k 個の連結成分を持つなら，

$$v - e + f = k + 1$$

が成立する．

［証明］ 成分数が 2 の非連結な平面グラフの場合は，辺を 1 本描き加えて，連結な平面グラフにすることができる．この場合，面数は変わらない．図 4-3 を参照せよ．したがって，成分数が k の非連結平面グラフ G は，$k - 1$ 本の辺を描き加えて，面数を変えずに，連結な平面グラフ G' にかえることができる．G の頂点数，辺数，面数を v, e, f とすると，G' の頂点数，辺数，面数は，$v, e + k - 1, f$ となる．G' は連結であるから，オイラーの公式により，$v - (e + k - 1) + f = 2$，これから，$v - e + f = k + 1$ が得られる．

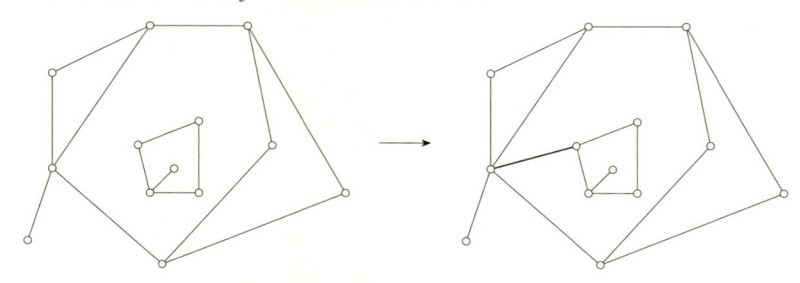

図 4-3 辺を追加して連結平面グラフにする

□

例題 4.1

どんな平面グラフも次数が 5 以下の頂点をもつことを示せ．

[解答]　平面グラフ G の頂点数が 6 以下なら，G が次数 5 以下の頂点を持つのは明らかである．G を頂点数が 7 以上の平面グラフとする．G の頂点の次数の合計は $2e$ で，定理 4.2 より，$2e \leq 6v - 12 < 6v$ であるから，G の頂点の次数の合計は $6v$ より小さい．したがって，次数が 5 以下の頂点がなければならない．　　　　　　　　　　　□

　グラフ G の辺の途中にいくつかの頂点を挿入し，辺をいくつかの辺で置き換えて得られるグラフを，G の細分という．例えば，次の図は K_4 の一つの細分を示している．G 自身も G の細分の 1 つとみなす．平面的でないグラフは，細分しても平面的でないのは明らかであろう．したがって，K_5 や $K_{3,3}$ の細分を含むようなグラフは平面的ではない．実はこの逆も正しいことが知られている（証明は省略する）．

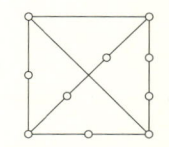

図 4-4　K_4 の細分

定理 4.4　**クラトフスキーの定理**

　グラフ G が平面的であるための必要十分条件は，G が K_5 または $K_{3,3}$ の細分に同型なグラフを含まないことである．

　例えば，ペテルセングラフ（図 4-5(a)）は，図 (b) のような $K_{3,3}$ の細分に同型なグラフを含むから，平面的ではない．

問題 4.4

　図 4-6 で示されるグラフは平面的でないことを示せ．

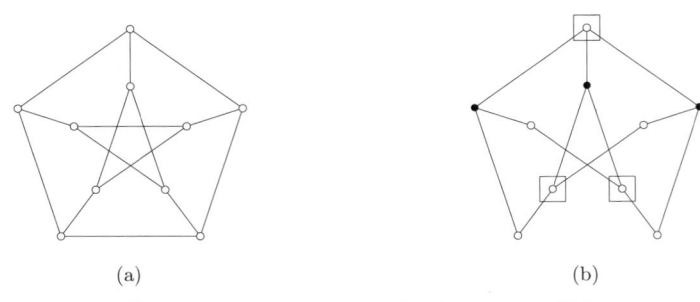

図 4-5　ペテルセングラフに含まれる $K_{3,3}$ の細分

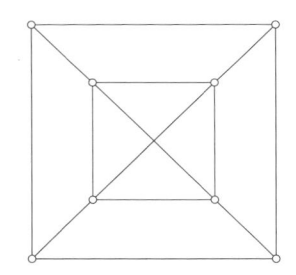

図 4-6　平面的か？

コイングラフ定理 ～～～～～～～～～～～～～～～～～ コラム ～～

グラフ $G = (V, E)$ に対して，平面上の互いに重なり合わない円板の集合 $\{D_x : x \in V\}$ で，条件

$$xy \in E \Leftrightarrow D_x \text{ と } D_y \text{ は接する}$$

を満たすものを G の**コイン表現**という．図 4-7 を参照せよ．コイン表現が可能なグラフを**コイングラフ**という．コイングラフは明らかに平面的である．実はその逆も成り立つ．1936 年にケーベ (Koebe) は次の定理を証明した．

定理 | **コイングラフ定理**
任意の平面的グラフはコイングラフである．

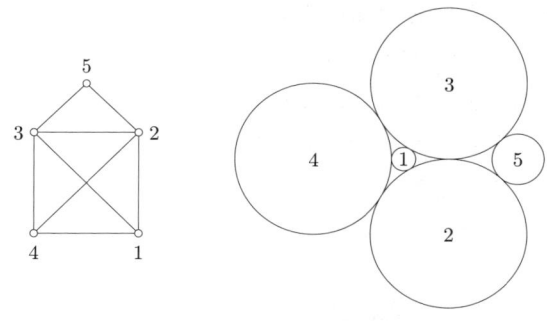

図 4-7　グラフとそのコイン表現

4.2　平面擬グラフと双対グラフ

　平面上に辺どうしが交差しないよう描かれた擬グラフを，**平面擬グラフ**という．例えば図 4-8 の太線は平面擬グラフである．連結な平面擬グラフも平面をいくつかの領域（面）に分ける．連結な平面擬グラフにおいても，オイラーの公式が成立する．定理 4.1 の証明がそのまま通用するのである．図 4-8 の太線の擬グラフの場合，頂点数 $v = 5$, $e = 8$, $f = 5$ で，$v - e + f = 2$ となっている．

　平面擬グラフ G の各面の内部に頂点を 1 個ずつ置き，**面点**と呼ぼう．面 α 内に置いた面点を α^* で表す．辺 a の両側の面を α, β とするとき，面点 α^* と β^* を辺 a と 1 回交差するような曲線弧で結ぶ．このような曲線弧を，辺 a の双対辺といい，a^* で表す．もし，α と β が同じ面なら，$\alpha^* = \beta^*$ で，a の双対辺 a^* はループとなる．

　平面擬グラフ G の各辺に対して，その双対辺を，双対辺どうしは交わらないように描く．これは可能である．すると，面点全体を

頂点集合とし，双対辺全体を辺集合とする 1 つの平面擬グラフが得られる．このグラフを G の**双対グラフ**といい，G^* で表す．例えば，図 4-8 の太線のグラフの双対グラフは，図 4-8 の点線で表されたグラフとなる．また，G 自身は，G^* の双対グラフ $(G^*)^*$ とみなせることに注意しよう．

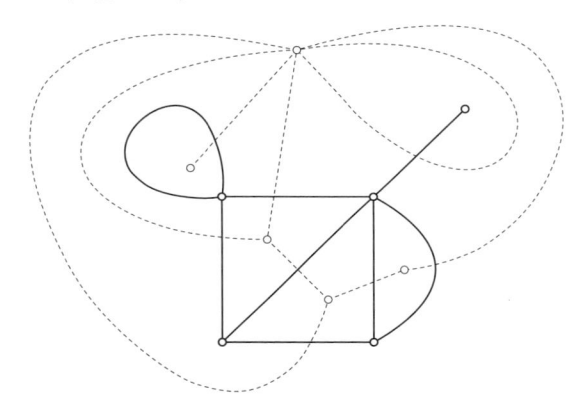

図 **4-8**　平面擬グラフとその双対グラフ

問題 4.5

連結平面擬グラフ G の双対グラフにループが現れないための必要十分条件を述べよ．

問題 4.6

平面グラフとして描いた K_4 とその双対グラフは同型であることを確かめよ．

定理 4.5

連結な平面擬グラフ G に対して，$t(G) = t(G^*)$ が成立する．

[証明] G の頂点数，辺数，面数を，v, e, f で表す．G の全域木 T に対して，G^* から T の辺と交差するような辺だけを消し去って得られる G^* の部分グラフを $\check{T}$ で表す．$\check{T}$ が G^* の全域木であることを示そう．

$\check{T}$ は f 個の頂点（面点）を持ち，$e - (v-1)$ 個の辺をもつグラフである．G についてのオイラーの公式から，$v - e + f = 2$，したがって，$e - (v-1) = f - 1$ となる．つまり，$\check{T}$ の辺数は $f-1$ である．よって，$\check{T}$ がサイクルを持たなければ，$\check{T}$ は G^* の全域木である．

$\check{T}$ がサイクル C を持つと仮定せよ．$\check{T}$ は平面擬グラフだから，サイクル C は平面を 2 つの領域に分割し，C の各辺の両側は異なる領域（C の内部と外部）である．G には C の辺に交差する辺があるから，G の頂点は C の内部にも C の外部にも存在する．ところが，T の各辺は $\check{T}$ の辺と交差しないから，C の辺とも交差しない．したがって，T には，C の内部にある G の頂点と，C の外部にある G の頂点を結ぶ辺は存在しない．これは，全域木 T が連結であることに反する．ゆえに，$\check{T}$ にはサイクルは存在しない．したがって，定理 2.1 により，$\check{T}$ は木であり，G^* の全域木である．

T_1, T_2 が G の異なる全域木なら，明らかに $\check{T}_1$ と $\check{T}_2$ は異なる．よって，G^* には少なくとも $t(G)$ 個の全域木がある．つまり，$t(G) \leq t(G^*)$ である．G と G^* の役割を入れ替えて考えると，$t(G^*) \leq t(G)$ が得られる．ゆえに，$t(G) = t(G^*)$ である． □

問題 4.7

図 4-9 の 2 つの平面擬グラフの全域木の個数は等しいことを示せ（双対グラフを比べてみよ）．

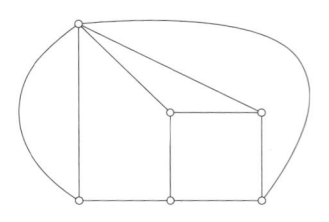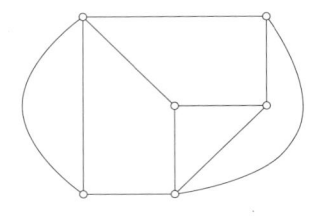

図 4-9 同数の全域木を持つ

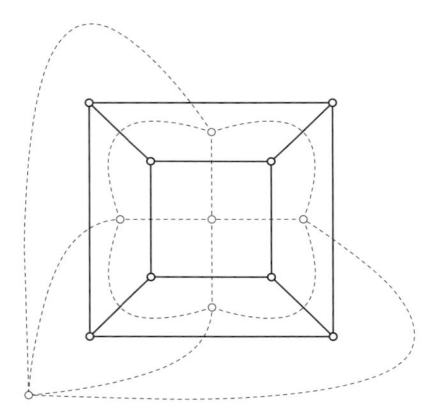

図 4-10 立方体グラフと正 8 面体グラフ

例題 4.2

立方体のグラフの全域木の個数を求めよ.

[解答] 図 4-10 から見られるように,平面グラフとして描いた立方体グラフの双対グラフは,正 8 面体のグラフに同型である(正 8 面体グラフについては,図 2-8 を参照せよ).したがって,定理 4.5 により,立方体グラフの全域木の個数は,正 8 面体グラフの全域木の個数に等しい.後者は,例題 2.3 で得られ,384 個である.したがって,立方体グラフの全域木の個数は 384 個である. □

4.3 グラフの辺彩色

グラフの辺に色をつける（赤い線や，青い線など，色のついた線で辺を描く）ことを，グラフの辺の**着色**という．

例題 4.3

完全グラフ K_6 の各辺を赤，または，青で着色すると，赤い辺からなる 3 サイクルか，青い辺からなる 3 サイクルが現れる．これを示せ．

[解答]　K_6 の各頂点の次数は 5 であるから，1 つの頂点 x_1 から，同色の辺が 3 本以上出る．したがって，3 つの辺 x_1x_2, x_1x_3, x_1x_4 は同色，例えば赤，と仮定してよい．このとき，辺 x_2x_3, x_3x_4, x_4x_2 の中に赤い辺があれば，それと x_1 から出る赤い辺で赤い 3 サイクルができる．辺 x_2x_3, x_3x_4, x_4x_2 の中に赤い辺がなければ，3 サイクル $x_2x_3x_4x_2$ は青いサイクルとなる．　　　　　　　　□

辺の着色で，頂点を共有する辺どうしは異なる色となるような着色を，グラフの辺の**彩色**という．グラフ G の辺を彩色するのに必要な色の個数の最小値を G の**辺彩色数**といい，記号 $\chi'(G)$ で表す．例えば，$\chi'(K_3) = 3$ である．グラフ G の頂点の次数の最大値を Δ とすると，明らかに $\chi'(G) \geq \Delta$ である．

グラフ G のいくつかの辺の集合は，その中のどの 2 つの辺も端点を共有しないとき，**独立辺系**と呼ぶ．グラフを辺彩色するとき，1 つの独立辺系に属する辺にはすべて同じ色を塗ることができる．したがって，グラフ G の辺集合 E が k 個の独立辺系に分割できるなら，$\chi'(G) \leq k$ である．

問題 4.8

立方体グラフ（図 4-11）の辺彩色数はいくらか.

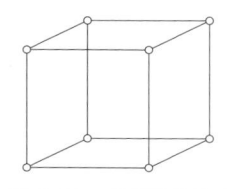

図 **4-11** 立方体グラフ

例題 4.4

$\chi'(K_5) = \chi'(K_6) = 5$ を示せ.

[解答] K_5 の最大次数 Δ は 4 だから，K_5 を辺彩色するには少なくとも 4 色は必要である．K_5 の頂点は 5 個しかないから，端点を共有しないような 3 辺は存在しない．よって，K_5 を辺彩色するとき，同じ色はたかだか 2 つの辺にしか使えないから，4 色ではたかだか 8 本の辺までしか彩色できない．しかし，K_5 には 10 本の辺があるから，辺彩色するのに少なくとも 5 色は必要である．また，K_5 を図 4-12(a) のように描くと，図 4-12(b) で示す独立辺系を正 5 角形の中心のまわりに $2\pi/5$ ずつ回転していくことによって，K_5 の辺集合は 5 組の独立辺系に分割できることがわかる．ゆえに，K_5 は 5 色では辺彩色できるから，$\chi'(K_5) = 5$ である.

K_6 の辺彩色には，5 色以上は必要である．K_6 を図 4-12(c) のように描くと，図 4-12(d) の 3 本の辺からなる独立辺系を中心のまわりに $2\pi/5$ ずつ回転していくことによって，K_6 の辺集合は，5 組の独立辺系に分割できることがわかる．ゆえに K_6 は 5 色で辺彩色でき，$\chi'(K_6) = 5$ である. □

例題 4.3 とまったく同じようにして次の定理が証明できる.

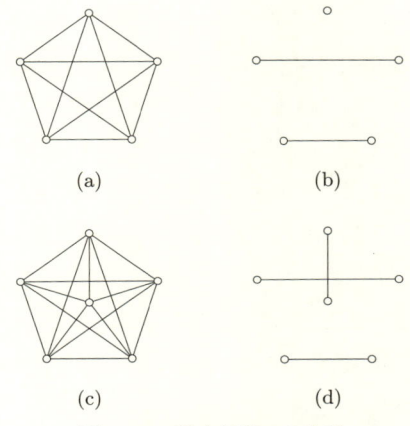

(a)   (b)

(c)   (d)

図 4-12 独立辺系への分割

定理 4.6

$$\chi'(K_n) = \begin{cases} n-1 & (n \text{ が偶数のとき}) \\ n & (n \text{ が奇数のとき}) \end{cases}$$

定理 4.7 　ケーニヒの定理

2部グラフ G の辺彩色数は，G の最大次数 Δ に等しい.

[証明] 証明は G の辺数についての帰納法による.

辺数が1の場合は，$\chi'(G) = 1$，$\Delta = 1$ である.

辺数が n より小さい場合は正しいと仮定して，辺数が n の場合を考える. G の1辺 $a = xy$ を G から除いたグラフを $G-a$ で表す. 帰納法の仮定により，$G-a$ は Δ 個以下の色で彩色できるから，Δ 色で彩色する. $G-a$ では，x,y の次数はいずれも Δ より小さいから，Δ 色のうち x に接続する辺に使われてない色 α があり，y に接続する辺に使われていない色 β がある. $\alpha = \beta$ なら，この共通の色を辺 a に塗ると，G の Δ 色による辺彩色ができる.

　$\alpha \neq \beta$ の場合は，色 α と色 β の辺とそれらの端点からなる $G-a$ の部分グラフの連結成分で，頂点 x を含むものを H とする．このグラフ H は頂点 y を含まない．もし H が y を含むとすると，x から y へ向かう α, β 色の辺からなる奇数の長さのパスが存在することになる．α, β の色の辺は交互に現れるから，パスは β 色の辺から始まり β 色の辺で終わる．これは，β 色の辺が y には接続しないことに反する．したがって，H において，色 α と β を交換しても，$G-a$ の彩色となる．この新しい彩色では，色 β の辺は x にも y にも接続しない．よって a に色 β を塗ると，G の Δ 色による彩色が得られ，$\chi'(G) = \Delta$ であることがわかる．　　　　　　　　□

系 4.2

　$\chi'(K_{m,n}) = \max\{m, n\}.$

　一般に次の結果が知られている．

定理 4.8　　**ビジングの定理**

　最大次数 Δ の任意のグラフ G に対して，

$$\Delta \leq \chi'(G) \leq \Delta + 1$$

が成り立つ．

4.4　地図の塗り分けとグラフの頂点彩色

　ループを持たない連結な平面擬グラフで，各頂点の次数が3以上であり，しかも橋を持たないグラフを，**平面地図**と呼ぶ（橋を

持たないから，どの辺の両側も異なる面であり，その双対グラフはループを持たない）．平面地図の各面に色を塗り，各辺の両側の色が異なるようにすることを，**地図の塗り分け**という．平面地図は，その面数と同じ個数の色を用いれば必ず塗り分けることができる．実際は，4 色以下で塗り分けできることがわかっている（4 色定理）．

平面地図を塗り分ける代わりに，その双対グラフの頂点に色を付け，隣接する頂点どうしは異なる色になるようにすることを考えよう．この場合，頂点が隣接しているかどうかが関係するのだから，多重辺は 1 本の辺に置き換えた平面グラフについて考えればよい．一般に，平面グラフとは限らず，グラフの頂点に着色して，隣接する頂点どうしは異なる色となるようにすることを，**グラフの頂点の彩色**という．グラフ G の頂点を彩色をするのに必要な色の個数の最小値を，G の**頂点彩色数**といい，$\chi(G)$ で表す．例えば，$\chi(K_n) = n, \chi(K_{m,n}) = 2$ である．また，奇サイクルの頂点彩色数は 3 であることもすぐにわかる．

例題 4.5

図 4-13 のグラフ（グレッチェグラフという）の頂点彩色数はいくらか．

[**解答**]　まず，このグラフが 4 色で頂点彩色できることを示す．頂点 x_1, y_1, x_3, y_3 を色 1 で，x_2, y_2, x_4, y_4 を色 2 で，x_5, y_5 を色 3 で，z を色 4 で塗ると，4 色による頂点彩色がえられる．

次に，このグラフが 3 色 1, 2, 3 で頂点彩色できたと仮定する．外側の 5 サイクルの頂点彩色数は 3 だから，その彩色に 3 つの色 1, 2, 3 がすべて使われる．5 サイクルの頂点彩色では，同じ色が 3 回以上使われることはないから，外側の 5 サイクルに 1 の色が 2 回，2 の色が

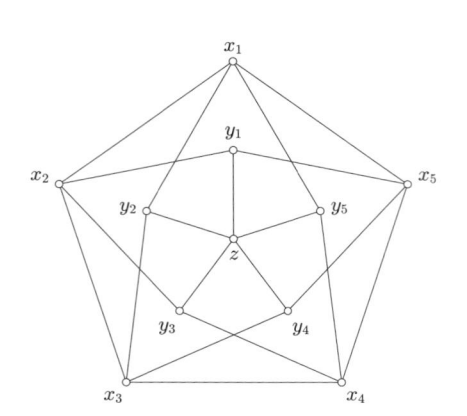

図 4-13　グレッチェグラフ

2 回，3 の色が 1 回現れると仮定してよい．したがって，一般性を失うことなく，x_1, x_2, x_3, x_4, x_5 の色は 1, 2, 1, 2, 3 と仮定してよい．すると，必然的に y_1 の色は 1，y_4 の色は 2，y_5 の色は 3 となる．z には 1, 2, 3 のどれかの色がつくから，これは彩色であることに反する．ゆえに 3 色では頂点彩色できない．したがって，このグラフの頂点彩色数は 4 である．　　　　　　　　　□

定理 4.9

　　最大次数が Δ 以下のグラフの頂点彩色数は $\Delta + 1$ 以下である．

[証明]　グラフ G の頂点数についての帰納法による．頂点数が 1 のグラフについては正しい．頂点数が n のグラフについては正しいと仮定して，頂点数 $n+1$ のグラフ G について考える．G から，1 つの頂点 x とそれに接続する辺を除いて得られるグラフを $G-x$ で表す．$G-x$ の最大次数は Δ 以下であるから，$G-x$ は $\Delta + 1$ 色で頂点彩色する．G で x に隣接する頂点を $y_1, y_2, \ldots, y_k$ とすると，$k \le \Delta$ である．したがって，$G-x$ の頂点彩色において，$\Delta + 1$ 色のうち，

$y_1, y_2, \ldots, y_k$ に使われてない色が存在する. その色を頂点 x に塗ると, G の $\Delta + 1$ 色による頂点彩色が得られる. ゆえに $\chi(G) \leq \Delta + 1$ である. □

完全グラフ K_n の場合, $\Delta = n - 1$ で, $\chi(K_n) = n = \Delta + 1$ となっている. また奇サイクルの場合も, $\Delta = 2$ で, 頂点彩色数は $3 = \Delta + 1$ となっている. したがって, 定理 4.9 の上限は一般には改良できない. しかし, 完全グラフでも奇サイクルでもない場合は, 定理 4.9 の上限を 1 下げることができることが知られている.

定理 4.10 **ブルックスの定理**

グラフ G の最大次数が Δ で, G が奇サイクルでも完全グラフでなければ, $\chi(G) \leq \Delta$ である.

例題 4.6

平面グラフの頂点彩色数は 6 以下であることを示せ.

[解答] 頂点数に関する帰納法. 頂点数が 6 以下なら明らかに 6 色で頂点彩色できる. 頂点数が n 以下の平面グラフは 6 色で頂点彩色できると仮定して, 頂点数 $n+1$ の平面グラフ G について考える. 任意の平面グラフは, 例題 4.1 により, 次数が 5 以下の頂点をもつから, G には次数が 5 以下の頂点 x が存在する. G から頂点 x と x に接続する辺を除いたグラフ $G - x$ は頂点数 n の平面グラフだから, 6 色で頂点彩色できる. G において x に隣接している頂点は 5 個以下だから, これらに使われてない色がある. その色を x に塗ると, G の 6 色による頂点彩色が得られる. したがって G は 6 色で頂点彩色できる. □

　この例題の証明を改良して,「任意の平面グラフは5色で頂点彩色できる」ことが証明できる. しかし, 5色を4色にまで減らすのは難しい.

　次の定理は, 1976年に, アッペル (K. Appel) とハーケン (W. Haken) によってコンピュータを利用して証明された.

定理 4.11　　**4色定理**

　任意の平面グラフは4色で頂点彩色できる.

　したがって, 任意の平面地図は4色で塗り分けられる.

例題 4.7

　頂点の次数がすべて3の平面地図 G の辺彩色数は3である.

[証明]　平面地図 G の各面を色 $1, 2, 3, 4$ で塗り分ける. 4色定理によりこれは可能である. グラフ G の辺 a の両側の色が i と j のとき, 辺 a は ij 型であるという. 辺の型には

$$12, \ 13, \ 14, \ 23, \ 24, \ 34$$

の6つの型がある. 次の規則で各辺を, 赤, 青, 黄で着色する:

$$12 型と 34 型 \rightarrow 赤$$

$$13 型と 24 型 \rightarrow 青$$

$$23 型と 14 型 \rightarrow 黄$$

この3色着色で, 頂点を共有する2辺が同じ色になることはない. 実際, G の各頂点の次数は3であるから, 頂点 x に集まる領域は3つであり, x から出る辺で同じ色のものは生じない. したがって, この着色は辺の彩色である. また, 頂点の次数は3だから, $\chi'(G) \geq 3$ で

ある．ゆえに，$\chi'(G) = 3$ である． □

〜〜 コラム 〜〜 三角形を含まないグラフの頂点彩色数

　グラフ G が部分グラフとして K_n を含んでいるなら
ば，明らかに G の頂点彩色数は n 以上である．しかし，
K_3 を含まないグラフでもいくらでも大きい頂点彩色数
を持つグラフが存在する．

定理

　任意の整数 $k > 0$ に対して，K_3 を含まないグラフで頂点彩色数が
k のものが存在する．

第 5 章

フレームワーク

　平面上に描かれたグラフの各辺を，伸び縮みしない棒とみなし，頂点を棒どうしを繋ぐ自在ジョイントとみなした装置を平面上のフレームワークという．ジョイントで結ばれた棒どうしは，他からの制約がなければ，平面上で動かして，その間の角を自由に変えられるものとする．例えば，正方形の形のフレームワークなら，平面上で連続的に動かして菱形の形に変形できる．どころが，正方形に対角線を加えたフレームワークは，平面上で連続的に動かして形を変えることはできない．このような変形できないフレームワークを定形なフレームワークという．はじめにいくつかの例を挙げる．次に，正方形を連ねて作ったグリッドのいくつかの正方形にパネルを貼り付けて，全体を変形にないようにすることを考える．最後に，四辺形フレームワークを変形するとき，変形後のフレームワークの形が，平面上のある閉曲線上を動くパラメータで表されることを示す．

5.1　フレームワークの連続変形

　平面上のグラフを，剛体の棒を自在ジョイントでつなぎ合わせた装置とみなし，平面上で連続的に動かすことを考える．以下，棒やジョイントという言葉を用いずに述べよう．平面上に描かれたグラフの各頂点を，

隣接する頂点間の距離を変えずに

平面上で連続的に動かすことを，グラフの**運動**という．グラフの運動を考える場合は，平面上のグラフのことを，平面上の**フレームワーク**と呼ぶ．平面上のフレームワーク G の運動で，隣接しない頂点間の距離が 1 つでも変わるものを，G の**連続変形**という．連続変形が可能なフレームワークは，**変形可能 (flexible)** といい，連続変形が不可能なものを**定形 (rigid)** なフレームワークという．

　例えば，平面上の正方形の頂点と辺からなるフレームワークは図 5-1(a) のように連続変形で隣接しない頂点間の距離を変えて，菱形の形にできるから，変形可能なフレームワークである．それに対して，正方形に対角線を追加したフレームワーク (b) は明らかに定形である．完全グラフで表されるフレームワークは，隣接しない頂点対をもたないから，もちろん，定形なフレームワークである．

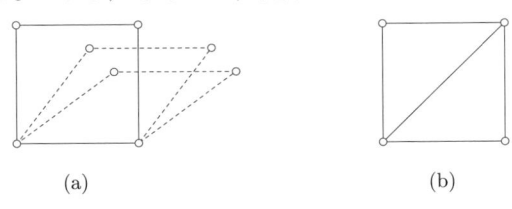

(a)　　　　　　　　　　　　　(b)

図 **5-1**　(a) 連続変形 (b) 定形

例題 5.1

　図 5-2 の (a), (b), (c) で表される 3 つのフレームワークの各々について，変形可能かどうかを調べよ．

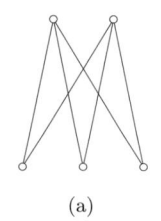 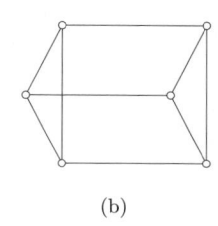 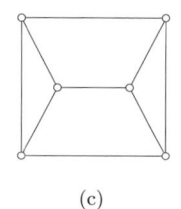

(a) (b) (c)

図 5-2　変形可能か？

[解答]　(a) 長さ 2 のパス で表されるフレームワークでは，その両端点の距離を（ある範囲で）自由に変えられる．したがって，(a) の $K_{2,3}$ フレームワークでは，2 点からなる部集合の 2 点間の距離をかえることができ，変形可能である．

(b) このフレームワークは図 5-3 のように連続変形することができる．

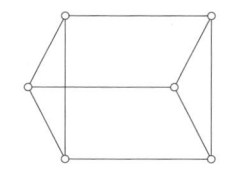 →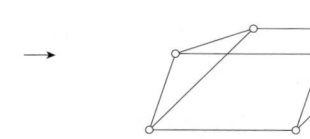

図 5-3　(b) のフレームワークの連続変形

(c) このフレームワークが変形可能なら，外側の正方形は菱形 $ABCD$（図 5-4 右）に連続変形するはずである．そのとき，辺 AB の中点 M と辺 CD の中点 N の距離は，辺 AD の長さに等しい．よって，M と N を結ぶ折線 $MEFN$ の長さは，辺 AD の長さよりも長い．ところが，点線部分の長さは変形前と変わらないから，これは辺 EF の長さが伸びたことになり，連続変形がフレームワークの運動であることに反する．したがって，(c) のフレームワークは連続

変形できない.

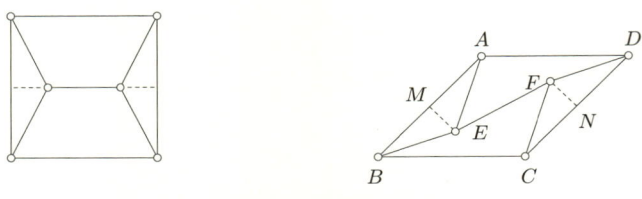

図 **5-4**　中央の辺の長さが伸びる

5.2　グリッドの変形

　正方形を横に m 個，縦に n 個敷き詰めた形のグラフを $m \times n$ グリッドと呼んだ（問題 3.9）．図 5-5 左は 4×3 グリッドを示している．グリッドの左から i 番目，下から j 番目の正方形を，(i, j) で示す．グリッドはもちろん変形可能なフレームワークである．図 5-5 右は，4×3 グリッドを変形させたものである．

　グリッドのいくつかの正方形にパネルを張り付け，これらの正方形が形を変えないようにすることによって，グリッド全体が連続変形しないようにすることができる．

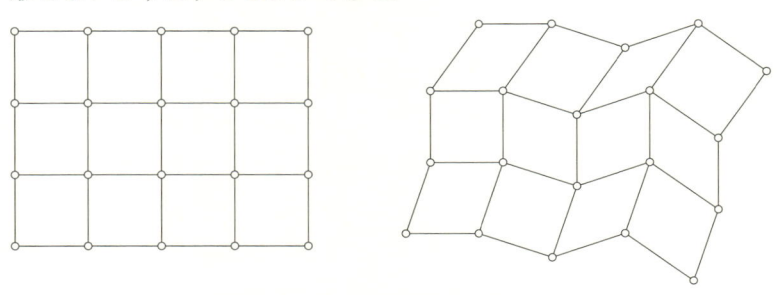

図 **5-5**　4×3 グリッドとその変形

例題 5.2

4 × 3 グリッドに図 5-6 のように 6 枚のパネルを張り付けたも
のは変形しないことを示せ.

[解答] まず, 2 × 2 グリッド 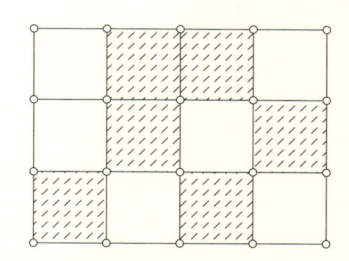 の平面上での運動で, 3 つの正
方形が形を変えないなら, 4 つ目の正方形も形を変えないことに注意
する. このことから, 図 5-6 のグリッドの運動で, グリッドの内部に
あるパネルを張ってない正方形 $(3, 2)$（左から 3 番目, 下から 2 番目
の正方形）が形を変えることはない. 同様にして, どの正方形も変形
しないことがわかる. ゆえに, このパネルを張ったグリッドは連続変
形しない. □

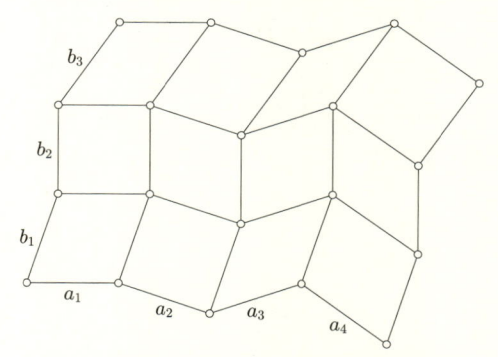

図 5-6 6 個の正方形にパネルを張ったグリッド

図 5-7 4 × 3 グリッドの変形と辺の傾き

　　4×3 グリッドを連続変形するとき，変形後のフレームワークの形は，図 5-7 で示されるような 7 つの辺 $a_1, a_2, a_3, a_4, b_1, b_2, b_3$ の傾きによって決まる．辺 a_i が x 軸となす角を $\angle a_i$ で，辺 b_j が y 軸となす角を $\angle b_j$ で表すと，変形後の形は，7 個の独立な変数

$$\angle a_1, \ \angle a_2, \ \angle a_3, \ \angle a_4, \ \angle b_1, \ \angle b_2, \ \angle b_3$$

の値で決定される．正方形 (i, j) にパネルを張るというのは，$\angle a_i = \angle b_j$ とすることと同じである．グリッドを変形しないようにするには，7 つの角 $\angle a_1, \angle a_2, \angle a_3, \angle a_4, \angle b_1, \angle b_2, \angle b_3$ がすべて等しくなるようにしなければならない．それには，7 個の角の間に 6 個以上の等号を置く必要がある．したがって，少なくとも 6 個の正方形にパネルを張り付ける必要がある．

　　同様にして，次の定理が得られる．

定理 5.1

　　$m \times n$ グリッドを変形しないようにするには，少なくとも $m + n - 1$ 個の単位正方形にパネルを張る必要がある．

注 5.1

　　$m \times n$ グリッドの $m + n - 1$ 個以上の正方形にパネルを張っても，変形可能な場合もある．例えば，4×3 グリッドに，図 5-8(a) のように $6 = 4 + 3 - 1$ 個のパネルを張ったものは，図 (b) のように変形する．グリッドが変形しないようなパネルの張り方については，後で考える．

例題 5.3

　　図 5-9 のフレームワーク（破損したグリッド）を変形しないようにするには，最小限いくつのパネルを張り付ける必要があるか．

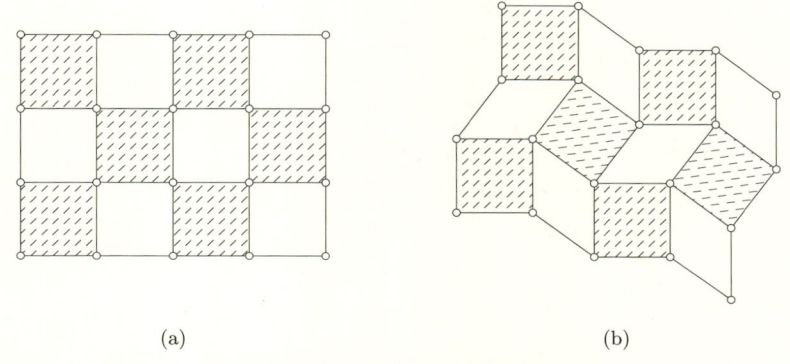

(a) (b)

図 5-8 パネルを張ったグリッドの変形

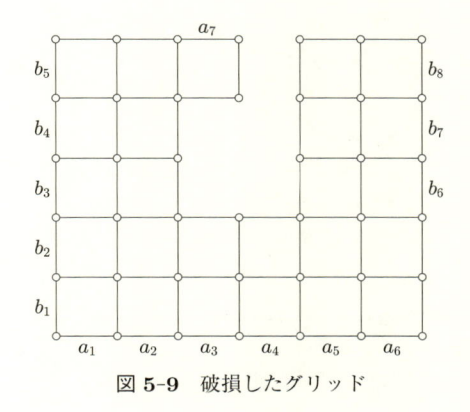

図 5-9 破損したグリッド

[解答] このフレームワークの変形後の形は，辺 $a_1, \ldots, a_7, b_1, \ldots, b_8$ の傾きで決まる．辺 a_i が x 軸となす角を $\angle a_i$，辺 b_j が y 軸となす角を $\angle b_j$ とすると，

$$\angle a_1, \ldots, \angle a_7, \angle b_1, \ldots, \angle b_8$$

は独立な変数である（これらのどの値も，他の値を固定したままで変化させることができる）．フレームワークを変形しないようにするには，これらの変数の値をすべて等しくすればよい．そのためには

$7 + 8 - 1 = 14$ 個以上の等号が必要であるから，最小限 14 枚のパネルを張る必要がある．　　　　　　　　　　　　　　　　　　　　□

いくつかのパネルを張った $m \times n$ グリッドに対して，$m + n$ 個の頂点 $A_1, A_2, \ldots, A_m$，$B_1, B_2, \ldots, B_n$ をとり，正方形 (i, j) にパネルが張られていれば，A_i と B_j を辺で結ぶ．こうして得られる 2 部グラフをパネルの場所を示す**指示グラフ**という．例えば，図 5-10 左で与えられたグリッドの指示グラフは図 5-10 右のようになる．この指示グラフは連結である（実際，1 つのパスである）．

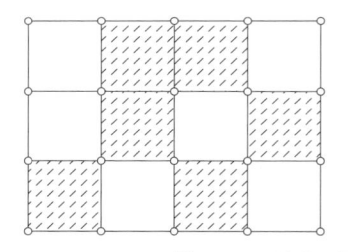 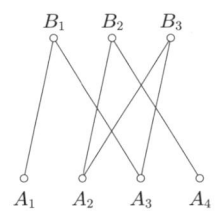

図 **5-10**　グリッドのパネルの指示グラフ

定理 5.2

$m \times n$ グリッドのいくつかの正方形にパネルを張ったフレームが変形しないための必要十分条件は，その指示グラフが連結なことである．

[証明]　$m = 3, n = 5$ として，A_1 と B_5 を結ぶパス $A_1 B_3 A_3 B_4 A_2 B_5$ があるとせよ．すると，正方形 $(1, 3), (3, 3), (3, 4), (2, 4), (2, 5)$ にはパネルが張られている．ゆえに，$\angle a_1 = \angle b_3 = \angle a_3 = \angle b_4 = \angle a_2 = \angle b_5$ となり，$\angle a_1 = \angle b_5$ で，正方形 $(1, 5)$ は変形しない．同様に，指示グラフが連結なら，どの正方形も形を変えることができないから，そのグリッドは変形しないことがわかる．

つぎに，$m \times n$ グリッドに，変形しないようにいくつかのパネルが張られているとする．不必要なパネルはなく，一枚でもパネルを取り去るとグリッドが変形すると仮定してよい．この場合，対応する指示グラフはサイクルを含まないことを示そう．この指示グラフに，サイクル $A_1 B_3 A_3 B_4 A_2 B_5 A_1$ があると仮定してみよう．既にみたように，A_1 と B_5 を結ぶパスがあれば，正方形 $(1,5)$ にはパネルが張ってなくても，$\angle a_1 = \angle b_5$ であった．これは，正方形 $(1,5)$ に張ったパネルは不必要ということを意味する．つまり，サイクルがあると，不必要なパネルがあることになる．したがって，サイクルは存在しない．

指示グラフが連結ではないとすると，指示グラフは非連結な林で，それの含む辺数が $m + n - 1$ よりも少ないことになる．しかしこれは定理 5.1 に反する． □

問題 5.1

図 5-11(a) のようにパネルを張り付けたグリッドは変形するか．(b) の場合はどうか．それぞれ，指示グラフを作って調べよ．

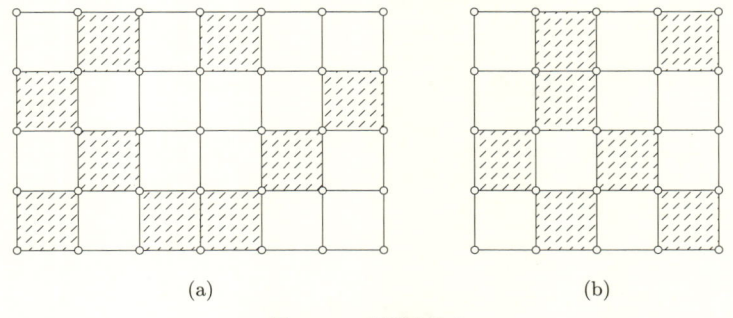

(a)　　　　　　　　　(b)

図 5-11　変形するか

定理 5.2 は図 5-9 のような破損したグリッド（ただし，それの正方形の和集合のなす領域の境界が，1 つの単純閉曲線となるようなもの）にも拡張できる．このような破損グリッドの場合は，図 5-7

と同様に，独立に傾きを変えられるような辺の最大集合 $a_1, \dots,$ $b_1, \dots$ を選ぶことができ，それらを用いて，パネルを張る正方形の位置を示す指示グラフを定義することができる．すると，グリッドの場合とまったく同様にして，「パネルを張った破損グリッドが定形となるための必要十分条件は，その指示グラフが連結となることである」という結果が証明できる．

問題 5.2

　図 5-12 のように 13 枚のパネルを張ったフレームワーク（破損したグリッド）は定形か．

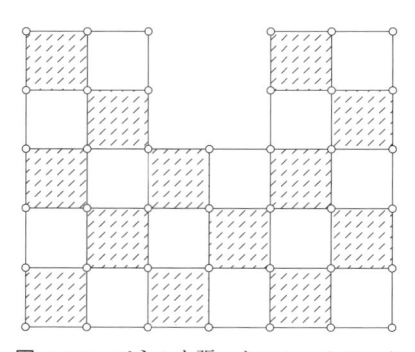

図 **5-12**　パネルを張ったフレームワーク

5.3　四辺形フレームワークの変形

　連続変形が可能なフレームワークを変形して得られる形について考えるとき，頂点にはラベルがついたものとして扱う．つまり，あるフレームワークの変形として得られる 2 つの図形が同じ形であるとは，単にそれらが合同ということではなく，2 つの図形が頂点

のラベルを一致させて重ねあわせることができることであるとする.

四辺形フレームワーク $ABCD$ の場合は，4 つの辺の長さ

$$|AB|, |BC|, |CD|, |DA|$$

が決まっているから，変形後の四辺形の形は，AC 間の距離 $\sqrt{x}$ と BD 間の距離 $\sqrt{y}$ で決まる．したがって，平面上の点 (x, y) で四辺形の形が記述されると考えてよい．四辺形のフレームワークを連続変形するとき，その形を記述する点 (x, y) は平面上のどのような点集合となるだろうか．

この節では，平行四辺形のなすフレームワークの場合に，この問題を解決しよう．以下，四辺形フレームワーク $ABCD$ の辺の長さを，$|AB| = |CD| = a, |BC| = |AD| = b$ $(a < b)$ とする．図 5-13 はこのフレームワークが変形するときの 3 種類の形を示している.

図 5-13(a) は平行四辺形である．それに対して，(c) の形のものを，反平行四辺形と呼ぶ．反平行四辺形 $ABCD$ では，常に $\angle ABC = \angle CDA, \angle BAD = \angle DCB$ となっている．したがって，反平行四辺形の場合，4 つの頂点 A, B, C, D は同一円周上にある.

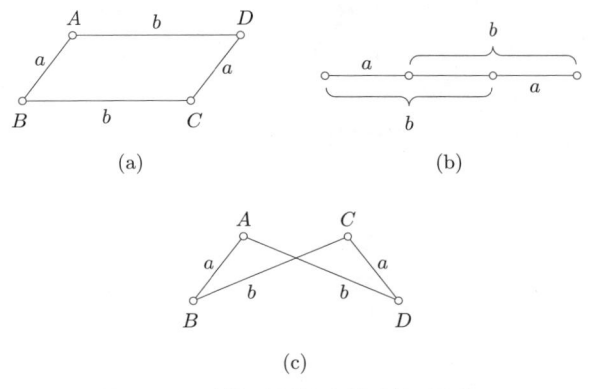

図 **5-13** 平行四辺形から反平行四辺形へ

(b) は，平行四辺形または反平行四辺形がつぶれて線分となった場合である．フレームワーク $ABCD$ を変形すると，平行四辺形か，1 つの線分か，反平行四辺形か，のいずれかになる．もちろん，平行四辺形の形も，反平行四辺形の形も無数にある．

　ここで，平行四辺形定理とトレミーの定理について復習しておこう．

定理 5.3　**平行四辺形定理**

　平行四辺形 $ABCD$ において

$$|AC|^2 + |BD|^2 = 2|AB|^2 + 2|BC|^2$$

が成立する．

注 5.2

　平行四辺形定理は次のように拡張できる．

「平面上の任意の 4 点 A, B, C, D に対して，

$$|AB|^2 + |BC|^2 + |CD|^2 + |DA|^2 \geq |AC|^2 + |BD|^2$$

が成立し，等号が成り立つのは $ABCD$ が（線分に退化する場合も含めて）平行四辺形となる場合であり，その場合だけに限る．」

[証明]　平行四辺形 $ABCD$ では，$\overrightarrow{AC} = \overrightarrow{AB} + \overrightarrow{BC}$，$\overrightarrow{BD} = \overrightarrow{BC} - \overrightarrow{AB}$ が成り立つから，

$$|AC|^2 = (\overrightarrow{AB} + \overrightarrow{BC}) \cdot (\overrightarrow{AB} + \overrightarrow{BC}) = |AB|^2 + |BC|^2 + 2\overrightarrow{AB} \cdot \overrightarrow{BC}$$
$$|BD|^2 = (\overrightarrow{BC} - \overrightarrow{AB}) \cdot (\overrightarrow{BC} - \overrightarrow{AB}) = |AB|^2 + |BC|^2 - 2\overrightarrow{AB} \cdot \overrightarrow{BC}$$

となる．辺々加えて，$|AC|^2 + |BD|^2 = 2|AB|^2 + 2|BC|^2$ が得られる．　□

定理 5.4 ┃ **トレミーの定理**

　円に内接する四辺形 $PQRS$ において

$$|PQ| \cdot |RS| + |PS| \cdot |QR| = |PR| \cdot |QS|$$

が成り立つ.

注 5.3

　トレミーの定理は次のように拡張できる.

「同一直線上にない 4 点 P, Q, R, S に対して, 常に

$$|PQ| \cdot |RS| + |PS| \cdot |QR| \geq |PR| \cdot |QS|$$

が成立し, 等号が成り立つのは, $PQRS$ が円に内接する四辺形の場合であり, その場合だけに限る.」

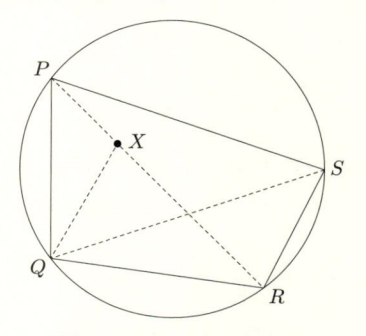

図 5-14　トレミーの定理

[証明]　(図 5-14 を参照して) 対角線 PR 上に点 X を $\angle PQS = \angle XQR$ となるように取る. $\angle PSQ = \angle QRX$ であるから, $\triangle PQS \sim \triangle XQR$ (相似) である. ゆえに, $|PS| : |XR| = |QS| : |QR|$ である. これから

$$|PS| \cdot |QR| = |QS| \cdot |XR| \qquad (5.1)$$

が得られる．また，$\angle PQS = \angle XQR$ より，$\angle PQX = \angle SQR$ が得られ，$\angle QPX = \angle QSR$ であるから，$\triangle PQX \sim \triangle SQR$（相似）である．したがって，$|PQ| : |QS| = |PX| : |SR|$ であり，これから

$$|PQ| \cdot |SR| = |QS| \cdot |PX| \qquad (5.2)$$

式 (5.1) と (5.2) を辺々加えて

$$|PS| \cdot |QR| + |PQ| \cdot |SR| = |QS| \cdot (|XR| + |PX|) = |QS| \cdot |PR|$$

が得られる． $\qquad\qquad\square$

問題 5.3

四辺形 $ABCD$ にたいして，常に

$$(|AB| + |CD|)^2 + (|BC| + |DA|)^2 \geq (|AC| + |BD|)^2$$

が成立し，等号は $ABCD$ が長方形をなす場合に限り成立することを示せ（注 5.2，注 5.3 に述べた拡張型の定理を用いよ）．

定理 5.5

フレームワーク $ABCD$ の辺の長さを $|AB| = |CD| = a$, $|BC| = |AD| = b \, (b > a)$ とし，

$$\sqrt{x} = |AC|, \; \sqrt{y} = |BD|$$

とおく．このフレームワークが平面上で連続変形するとき，平面上の点 (x, y) は第 1 象限内の曲線弧と線分

$$\begin{cases} xy = (b^2 - a^2)^2 & ((b-a)^2 \le x \le (b+a)^2) \\ x + y = 2(a^2 + b^2) & ((b-a)^2 \le x \le (b+a)^2) \end{cases}$$

をつなぎ合わせた閉曲線を描く（図 5-15 を参照）．したがって，この閉曲線が，フレームワーク $ABCD$ の形を記述する点の集合である．

[証明] $\sqrt{x} = |AC|$, $\sqrt{y} = |BD|$ とすると，三角不等式により，

$$b - a \le \min\{\sqrt{x}, \sqrt{y}\}, \quad \max\{\sqrt{x}, \sqrt{y}\} \le a + b \tag{5.3}$$

となる．しかも，$b - a = \min\{\sqrt{x}, \sqrt{y}\} \Leftrightarrow \max\{\sqrt{x}, \sqrt{y}\} = a + b$ であり，これは図 5-13(b) の場合にだけ起こる．フレームワークが平行四辺形になる場合は，平行四辺形定理により，

$$x + y = 2(a^2 + b^2) \tag{5.4}$$

である．反平行四辺形になる場合は，トレミーの定理により

$$\sqrt{x}\sqrt{y} = b^2 - a^2 \tag{5.5}$$

となることがわかる．直線 (5.4) と双曲線 (5.5) の交点を X, Y とす

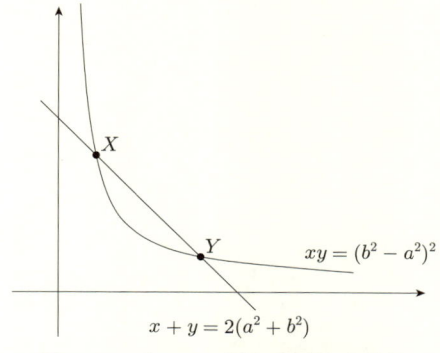

図 **5-15** 点 X, Y を通る直線と双曲線

ると，

$$X = ((b-a)^2, (b+a)^2),\ Y = ((b+a)^2, (b-a)^2)$$

である．(5.3) により，フレームワーク $ABCD$ が変形するとき，点 (x, y) は第 1 象限内で，図 5-15 に示されるような

線分 XY と X, Y を結ぶ双曲線弧

をつなぎ合わせた閉曲線を描くことがわかる．　　　　　　　□

一般の四辺形フレームワークの変形　　コラム

これに関しては，シェーンベルグの定理[1]の特別な場合として次のことがわかっている（シェーンベルグの定理は，平面に限らず一般の次元でのフレームワークに関するものである）．

定理

平面上の四辺形フレームワーク $ABCD$ において，$\sqrt{x} = |AC|$, $\sqrt{y} = |BD|$ とおくと，フレームワーク $ABCD$ を変形して得られるような点 (x, y) の集合は，"平面上の凸領域の境界となる閉曲線"をなす．

---

1)　I. J. Shoenberg: "Linkages and distance geometry I, II", *Indag. Math.*, **31**(1969), pp.43-63.

第6章

完全2部グラフ

はじめに $K_{3,3}$ に同型な平面上のフレームワークで，定形なものと，連続変形するものの例を挙げる．実は，Bolker と Roth の定理により，$K_{3,3}$ に同型なフレームワークの場合，その頂点集合が一つの2次曲線上に乗ってなければ，フレームワークは定形なのである．次に，$K_{3,3}$ と同型な定形フレームワークで，定規とコンパスではその形を作図できないものが存在することを示す．

最後は，一般に定形なグラフに関する話である．グラフ G に同型なフレームワークは，その頂点集合が特殊な配置にない限り，定形となるとき，G を一般定形なグラフという．例えば，$K_{3,3}$ に同型なフレームワークは，その頂点集合が2次曲線上になければ定形であるから，$K_{3,3}$ は一般定形グラフである．一般定形なグラフに関して，それよりも頂点数の多い一般定形グラフに拡張するための Henneberg の方法を紹介する．

6.1　$K_{3,3}$ と同型なフレームワーク

　平面上の2つの空でない有限点集合 X, Y $(X \cap Y = \emptyset)$ に対して，X, Y を部集合とする完全2部グラフを $K(X, Y)$ で表す．$|X| = m, |Y| = n$ なら，$K(X, Y)$ は $K_{m,n}$ と同型なグラフである．まず，$K_{3,3}$ と同型なフレームワークには，定形なものと変形するものがあることを示そう．

例題 6.1

　$X = \{A, B, C\}, Y = \{P, Q, R\},$

$$A = (0,0) \quad B = (2,0) \quad C = (4,0)$$
$$P = (1,2) \quad Q = (3,2) \quad R = (1,-2)$$

とするとき，$K_{3,3}$ に同型なフレームワーク $K(X, Y)$（図 6-1 を参照）は定形である．

[証明]　辺 PB を平面上で固定したまま，このフレームワークを平面上で動かすことができるかどうかを調べよう．

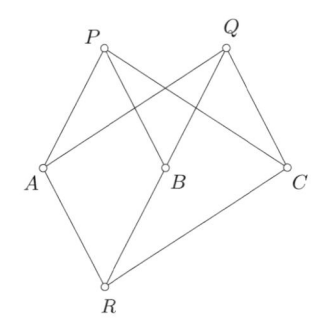

図 6-1　$K_{3,3}$ に同型なフレームワーク

平行四辺形は，平面上で微小変形しても平行四辺形のままだから，このフレームワークの微小な運動では，常に，$AR//QC$, $AR//PB$ であり，したがって $PB//QC$ である．また，$PB = QC$ だから，$PBCQ$ は常に平行四辺形である．それゆえ，PC の中点と BQ の中点は常に一致する．共通の中点を M とすると，三角形 BMP の3辺の長さは決まっているから，$\angle PBQ$ は変化しない．よって，頂点 Q も動かず固定されたままである．頂点 A から P, Q までの距離も決まっているから，A も動かない．同様に，C, R も動かない．つまり，辺 PB を平面上で固定すると，このフレームワークは動くことができない．よってこのフレームワークは定形である．　　　　□

$\boxed{\textbf{例題 6.2}}$

　　図 6-2 のように，3 点集合 $X = \{A, B, C\}$ が x-軸上にあり，3 点集合 $Y = \{P, Q, R\}$ が y-軸上にあるとき，フレームワーク $K(X, Y)$ は連続変形する．

[証明]　　十分小さい正の数 t をとり，

$$A = (-\sqrt{a-t}, 0), B = (\sqrt{b-t}, 0), C = (\sqrt{c-t}, 0)$$
$$P = (0, -\sqrt{p+t}), Q = (0, \sqrt{q+t}), R = (0, \sqrt{r+t})$$

とおく．すると

$$|AP| = \sqrt{a+p},\ |AQ| = \sqrt{a+q},\ |AR| = \sqrt{a+r},$$
$$|BP| = \sqrt{b+p},\ |BQ| = \sqrt{b+q},\ |BR| = \sqrt{b+r},$$
$$|CP| = \sqrt{c+p},\ |CQ| = \sqrt{c+q},\ |CR| = \sqrt{c+r}$$

となる．t の値を少し変えても，これらの辺の長さは変わらないが，$|AB| = \sqrt{a-t} + \sqrt{b-t}$ の値は変化する．したがって $K(X, Y)$ は連続変形する．　　　　□

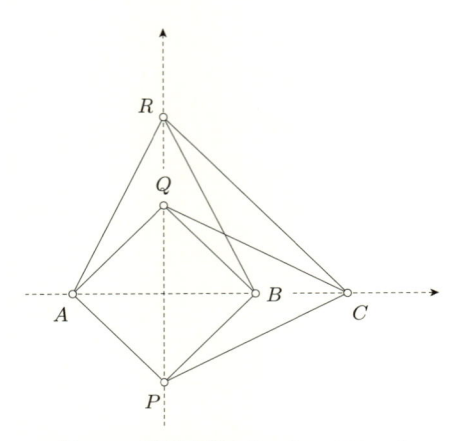

図 6-2　連続変形するフレームワーク

例題 6.2 の証明とほぼ同じようにして次の定理を証明することができる.

定理 6.1

完全2部グラフ $K_{m,n}$ に同型なグラフ $K(X,Y)$ の部集合 X がある直線上に乗っていて，Y がこれに直交する直線上に乗っているならば，$K(X,Y)$ は変形可能である.

$K_{3,3}$ に同型な平面上のフレームワークが変形可能となる例で，例題 6.2 よりもっと複雑なものとして，次のようなものがある.

例題 6.3

変数 t の関数 $f(t), g(t)$ を

$$\begin{cases} f(t) = \dfrac{1}{2}\left(\sqrt{8 - (t^2 + 1/t^2)} - \sqrt{6 - (t^2 + 1/t^2)} \right) \\ g(t) = \dfrac{1}{2}\left(\sqrt{8 - (t^2 + 1/t^2)} + \sqrt{6 - (t^2 + 1/t^2)} \right) \end{cases}$$

として定義し，$X = \{A, B, C\}, Y = \{P, Q, R\}$，ただし

$$A = (t, f(t)), \quad B = (-t, f(t)), \quad C = (-t, -f(t))$$
$$P = \left(\frac{1}{t}, g(t)\right), \ Q = \left(-\frac{1}{t}, g(t)\right), \ R = \left(-\frac{1}{t}, -g(t)\right)$$

とすると，フレームワーク $K(X, Y)$ は $\sqrt{2} - 1 < t < \sqrt{2} + 1$ の
とき連続変形する．

[証明]　$\sqrt{2} - 1 < t < \sqrt{2} + 1$ のとき，t の値に関係なく

$$|AP|^2 = |BQ|^2 = |CR|^2 = 4$$
$$|AQ|^2 = |BP|^2 = 8$$
$$|BR|^2 = |CQ|^2 = 6$$
$$|CP|^2 = |AR|^2 = 10$$

となることが容易に確かめられる．また，$|AB| = 2t$ であるから，t
が変化するとき，このフレームワークは実際に変形する．　　□

注 6.1

例題 6.3 において，$X \cup Y$ は，$\sqrt{2} - 1 < t < 1$ のときは双曲線上に
あり，$t = 1$ のときは平行な 2 直線上にあり，$1 < t < \sqrt{2} + 1$ の場合
は楕円上にある．

例題 6.1，6.2，6.3 にみられるように，$K_{3,3}$ に同型なフレーム
ワークで，連続変形するものもあり，定形なものもある．では，完
全 2 部グラフ $K_{3,3}$ に同型なフレームワークが変形可能となるの
は，どのような場合であろうか．これに関しては次の結果が知ら
れている（証明は易しくないので省略する）．

定理 6.2 | **Bolker-Roth の定理**[1]

　$|X| = |Y| = 3$ のとき，$X \cup Y$ が一つの 2 次曲線上になけれ
ば，$K(X, Y)$ は定形である．

注 6.2

6 点集合 $X \cup Y$ が 1 つの 2 次曲線上に乗っていても，$K(X, Y)$ が
変形するとは限らない．

　2 次曲線とは，x, y についての 2 次方程式で表される無限点集合
のことで，双曲線，楕円，放物線と，2 直線（重なって 1 直線にな
る場合も含む）からなる．双曲線，楕円，放物線を**固有 2 次曲線**
と呼ぶ．

2 部フレームワークの変形定理　〜〜〜〜〜〜〜　コラム 〜〜〜

もっと一般に次の結果が知られている．

定理

　$|X| \geq 3, |Y| \geq 5$ のとき，平面上のフレームワーク $K(X, Y)$ が変形
可能であるための必要十分条件は，
　"X がある直線上にあり，Y がこれに直交する直線上にある"
ことである[2]．

---

1)　E.D. Bolker, B. Roth: "When is a bipartite graph a rigid framework?",
Pacific J. Math., **90**(1980), pp.27-44.

2)　H. Maehara, N. Tokushige: "When does a planar bipartite framework ad-
mit a continuous deformation?", *Theoretical Computer Science*, **263** (2001),
pp.345-354.

∿∿∿ コラム ∿∿∿∿∿∿∿∿　**固有2次曲線は5点で決定される**

定理

　平面上の5点の中のどの3点も同一直線上になければ，その5点を通る固有2次曲線がただ1つ存在する.

[証明概略]　以下の2つの事実を用いる.

(i) 2つの異なる固有2次曲線の交点は4個以下である.

(ii) 平面上の任意の5点に対して，これらの5点を通る2次曲線が存在する.

(i) は，x, y についての2つの2次方程式から，1つの変数を消去することで，1変数の方程式の解の個数に帰着させて証明できる.

(ii) を示すため，5点を (x_i, y_i), $i = 1, 2, 3, 4, 5$ とする. これらの5点を通る2次曲線 $ax^2 + by^2 + cxy + dx + ey + f = 0$ が存在するための必要十分条件は，変数 a, b, c, d, e, f に関する斉次の連立方程式 $ax_i^2 + by_i^2 + cx_iy_i + dx_i + ey_i + f = 0$, $i = 1, 2, 3, 4, 5$ が自明でない解をもつことである. 未知数の個数より少ない個数の斉次の一次方程式からなる連立方程式は必ず自明でない解をもつから，与えられた5点を通る2次曲線が存在する.

　さて，5点の中のどの3点も同一直線上になければ，これらの5点を通る2次曲線は2直線（または1直線）ではない（さもないと，5点の中のある3点は同一直線上にあることになる）. したがって，それは固有2次曲線である. (i) により，2つの異なる固有2次曲線の交点は4個以下だから，これらの5点を通る固有2次曲線はただ1つである.　　　　□

6.2　作図不可能な定形フレームワーク

　定規とコンパスによる作図の場合，長さ1の線分は与えられているものとする. はじめに，1辺の長さ1の正5角形 $ABCDE$ を作図する方法を思い出してみよう. まず，正5角形の1辺 CD と2つの対角線 AC, AD のなす2等辺三角形 ACD を作図しよう. 対角線 AD の長さを x とすると，四辺形 $ABCD$ は円に内接するから，トレミーの定理により

$$|AB| \cdot |CD| + |AD| \cdot |BC| = |AC| \cdot |BD|,$$

これから，$1 + x = x^2$ が得られ，$x = (1 + \sqrt{5})/2$ となる．この長さの線分を作図するには，次のようにすればよい．まず長さ 1 の線分 CD を引く（長さ 1 の線分は与えられているから，これは可能）．CD の中点を M とし，CD に垂線 MX を立てる（図 6-3 を参照せよ）．MX 上に，$|MY| = 1$ となる点 Y をとる．すると，ピタゴラスの定理により，$|YD| = \sqrt{5}/2$ となることがわかる．D を中心として M を通る円と線分 YD の D を越えた延長との交点を Z とすると，$|YZ| = (1 + \sqrt{5})/2$ となる．D を中心とする半径 $|YZ|$ の円と，半直線 MX の交点を A とすると，三角形 ACD は $|AC| = |AD| = (1 + \sqrt{5})/2, |CD| = 1$ の 2 等辺三角形となる．

　三角形 ACD が作図できたら，A, D を中心とする単位円の交点 E と，A, C を中心とする単位円の交点 B を選んで，1 辺の長さ 1 の正 5 角形 $ABCDE$ が得られる．

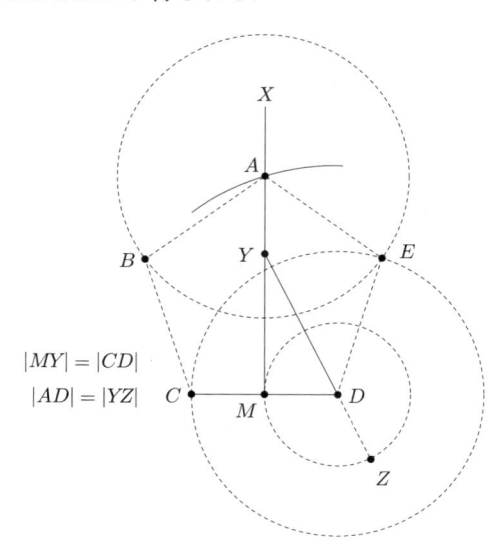

図 6-3　1 辺の長さ 1 の正 5 角形の作図

　実数 x は，長さ $|x|$ の線分が定規とコンパスで作図できるとき，作図可能な数と呼ぶ．

　次の定理については，例えば，[1] の第 3 章，[4] の第 3 章，[5] の第 5 章等を参照せよ．

定理 6.3

　整数係数の 3 次方程式が有理数の解をもたなければ，その方程式の解はどれも作図不可能である．

問題 6.1

　最高次の係数が 1 の整数係数の多項式

$$f(x) = x^n + a_1 x^{n-1} + \cdots + a_{n-1} x + a_n$$

に対して，方程式 $f(x) = 0$ が有理数の解をもつなら，その解は整数であり，しかも a_n を割り切る整数であることを示せ．

　さて，$\cos 3\theta = 4 \cos^3 \theta - 3 \cos \theta$ であるから，$3\theta = 60°$, $x = \cos\theta$ とおくと，$1/2 = 4x^3 - 3x$ となる．したがって，$8x^3 - 6x - 1 = 0$ が得られる．$X = 2x$ とおくと，$X^3 - 3X - 1 = 0$ が得られる．この方程式が有理数解をもつなら，整数解をもち，その整数解は 1 を割り切る．しかし，± 1 のいずれも $X^3 - 3X - 1 = 0$ の解ではないから，$X^3 - 3X - 1 = 0$ は有理数解をもたず，したがって，$4x^3 - 3x = 1/2$ も有理数解をもたない．ゆえに，定理 6.3 により，$\cos 20°$ は定規とコンパスで作図できない．もし，20° の角 $\angle POX$ が作図できたとすると，半直線 $\overrightarrow{OP}$ 上に点 A を $|OA| = 1$ となるように取り，A から直線 OX に下した垂線の脚を H とすると，$|OH| = \cos 20°$ となり，$\cos 20°$ を作図することは可能となる．したがって，20° の角は定規とコンパスで作図できないこと

がわかる. $60°$ の角は作図できるから，これは，定規とコンパスで $60°$ の角の三等分はできないことを意味する.

　定形なフレームワークの場合，その運動でフレームワークの形は変わらない. では，定形フレームワークの各辺の長さが定規とコンパスで作図できるとき，フレームワークの概形がわかっていれば，その定形フレームワーク全体を定規とコンパスで正確に作図できるであろうか.

定理6.4

　$K_{3,3}$ と同型な定形2部フレームワークで，定規とコンパスで作図できないものが存在する.

注6.3

　頂点数が5以下の定形フレームワークは，辺の長さと隣接関係が与えられれば，すべて定規とコンパスで作図することができる. したがって，作図不可能な定形フレームワークの頂点数の最小値は6である.

[証明]　Bolker-Roth の定理により，$K_{3,3}$ に同型なフレームワークは，すべての頂点がある2次曲線上に乗っているのでなければ，変形しない. 概形が図6-4のようなフレームワークでは，その6個の頂点は，双曲線，楕円，放物線，2直線のいずれにも乗ることができない. したがって，このようなフレームワークが存在すれば，それは定形であるはずである.

　まず，図6-4のような形のフレームワークが実際に存在するかどうかを考えるため，

$$C = (0,0), \quad Z = (1,0), \quad A = (x,y),$$
$$X = (u,v), \ B = (x,-y), \ Y = (u,-v)$$

とおく．すると，図 6-4 のようなフレームワークが存在するための必
要十分条件は次の連立方程式が実解をもつこととなる．

$$\begin{cases} (x-1)^2 + y^2 & = 1 \quad \cdots\cdots \text{①} \\ u^2 + v^2 & = 4 \quad \cdots\cdots \text{②} \\ (x-u)^2 + (y-v)^2 & = 1 \quad \cdots\cdots \text{③} \\ (x-u)^2 + (y+v)^2 & = 4 \quad \cdots\cdots \text{④} \end{cases}$$

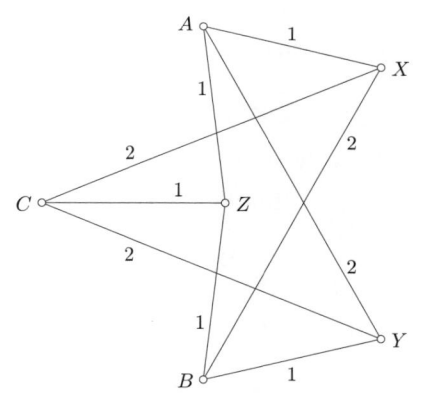

図 6-4　作図不可能な定形フレームワーク

この連立方程式を解くため，変数 y, u, v を消去しよう．④ − ③ よ
り，$4yv = 3$，したがって $y^2 = \dfrac{9}{16v^2}$ である．② より $v^2 = 4 - u^2$，
よって

$$y^2 = \frac{9}{16(4-u^2)} \tag{6.1}$$

となる．一方，④ − ② − ① より，$-2xu + 2x + 2yv = 0$ が得られ，
$4yv = 3$ であるから，$-2xu + 2x + 3/2 = 0$ となる．したがって，

$$u = 1 + \frac{3}{4x} \tag{6.2}$$

となる．① と (6.1), (6.2) より，

$$8x^3 - 20x^2 + 8x + 3 = 0 \tag{6.3}$$

が得られる．この3次方程式は3つの実解

$$x \approx -0.23,\ 0.88,\ 1.85$$

を持つが，最初の $x \approx -0.23$ の場合は $u^2 > 4$ で，② から $v^2 < 0$ となり不適である．あとの2つの場合から，はじめの連立方程式の2組の実解

$$(x, y, u, v) \approx (0.88, 0.99, 1.85, 0.76),\ (1.85, 0.53, 1.41, 1.42)$$

が得られる．したがって，図6-4のようなフレームワークは実際に存在する．図6-4は，一組目の解を用いて描いたものである．ちなみに，2組目の解を用いると，図6-5のようになる．

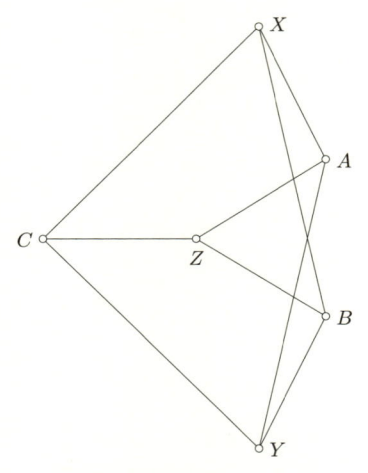

図 **6-5**　もう一つの解

　次に，3次方程式 (6.3) は有理数の解をもたないことを示そう．ま
ず，$X = 2x$ とおくと，(6.3) は $X^3 - 5X^2 + 4X + 3 = 0$ となる．問題
6.2 により，この方程式に整数解があるなら，その整数は 3 を割り切
る．ところが，$\pm 1, \pm 3$ のいずれもこの方程式の解ではないから，こ
の方程式は有理数解をもたない．したがって，方程式 (6.3) も有理
数解をもたない．すると，定理 6.3 により，(6.3) の解はいずれも定
規とコンパスで作図することはできない．したがって，線分 AC を
定規とコンパスで作図することはできない．すなわち図 6-4 のフレー
ムワークは作図不可能である．　　　　　　　　　　　　　　　□

6.3　一般に定形なグラフ

　既にみたように，$K_{3,3}$ に同型な平面上のフレームワークで定形
なものと，変形可能なものが存在した．したがって，フレームワー
クが変形するかどうかは，フレームワークのグラフとしての構造
だけでは決まらない．しかし，Bolker-Roth の定理によれば，$K_{3,3}$
に同型なフレームワークで変形可能なものは，頂点集合が特殊な配
置にあるものに限る．したがって，$K_{3,3}$ を表す平面上のグラフは，
たいていの場合は定形となるのである．このように，グラフを実現
するフレームワークの頂点集合が特殊な配置にあるのでなければ，
フレームワークが定形となるとき，そのグラフは，一般に定形なグ
ラフという．詳しく定義を述べよう．

　平面上の点 p に対して，p を中心とする半径 ε の円の内部を点 p
の ε 近傍という．平面上のフレームワーク F の頂点を $p_1, p_2, \ldots,$
p_n とする．任意の $\varepsilon > 0$ に対して，各頂点 p_i の ε 近傍内に点 q_i
を取り，F の各辺 $p_i p_j$ に対して q_i と q_j を辺で結ぶ．すると，$q_1,$

$q_2, \ldots, q_n$ を頂点とするフレームワーク $\check{F}$ が得られ，F と $\check{F}$ はグラフとして明らかに同型となる．このような $\check{F}$ をフレームワーク F の ε 近似と呼ぶ．

　グラフ G を実現する任意のフレームワーク F と任意の $\varepsilon > 0$ に対して，F の ε 近似となるフレームワークで定形なものが存在するとき，グラフ G は**一般に定形なグラフ**または**一般定形グラフ**であるという．

例題 6.4

　図 6-6(a) で表されるグラフは一般に定形なグラフではない．

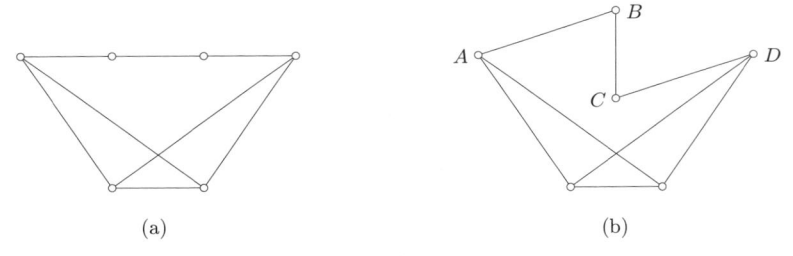

(a) 　　　　　　　　　　　　(b)

図 **6-6**　一般に定形でないグラフ

[証明]　このグラフは図 6-6(b) のようなフレームワークとしても実現できる．十分小さい $\varepsilon > 0$ に対して，各頂点 A, B, C, D の ε 近傍内に A', B', C', D' を取るとき，(b) のフレームワークの ε 近似において，A', D' を固定したまま，B', C' を動かすことができる．したがって，(b) のフレームワークの ε 近似で定形なものは存在しない．ゆえに，(a) で表されるグラフは一般定形グラフではない．　　　□

例題 6.5

　完全2部グラフ $K_{3,3}$ は一般に定形なグラフである．

[証明]　Bolker-Roth の定理により，$K_{3,3}$ を実現するフレームワークは，頂点集合が 2 次曲線上になっていなければ定形である．F を $K_{3,3}$ を実現するフレームワークとし，$p_1, p_2, \ldots, p_6$ をその頂点集合とする．任意の $\varepsilon > 0$ に対して，各 $p_1, \ldots, p_5$ の ε 近傍内に点 $q_1, \ldots, q_5$ を，どの 3 点も同一直線上に乗らないように取る．これは明らかに可能である．どの 3 点も同一直線上に乗らないような 5 点を通る 2 次曲線はただ 1 つだけ存在する（コラム：「固有 2 次曲線は 5 点で決定される」を参照）．p_6 の ε 近傍内で点 q_6 をこの 2 次曲線上に乗らないように取ることができる．すると，$q_1, \ldots, q_6$ は，どんな 2 次曲線にも乗らない．ゆえに，F の ε 近似で，$q_1, \ldots, q_6$ を頂点とするフレームワークは定形となる．したがって，$K_{3,3}$ は一般に定形なグラフである．　　　　　　　　　　　　　　　□

一般定形グラフ G は，それから 1 辺でも取り去ると一般定形でなくなるとき，**極小な一般定形グラフ**という．例えば，K_3 や，K_4 から 1 辺を除いたグラフは極小な一般定形グラフである．一般定形グラフ G が極小な一般定形グラフでなければ，いくつかの辺を取り去ることで，極小な一般定形グラフに変えることができる．したがって，任意の一般定形グラフは，同じ頂点数の極小な一般定形グラフを含んでいる．

与えられた一般定形グラフから，頂点数がもっと多い一般定形グラフを作るのに，次の 1, 2 の方法がある．これらは **Henneberg の方法** と呼ばれている．

1. 一般定形グラフ G の 2 つの頂点 p_1, p_2 を選び，新しい頂点 q と 2 つの辺 $p_1 q, p_2 q$ を追加する．これを **操作 α** と呼ぶ．グラフ G に操作 α を行って得られるグラフを G^α で表す．図 6-7 を参照せよ．

2. 一般定形グラフ G の 1 辺 $e = p_1 p_2$ と，これの両端以外の頂

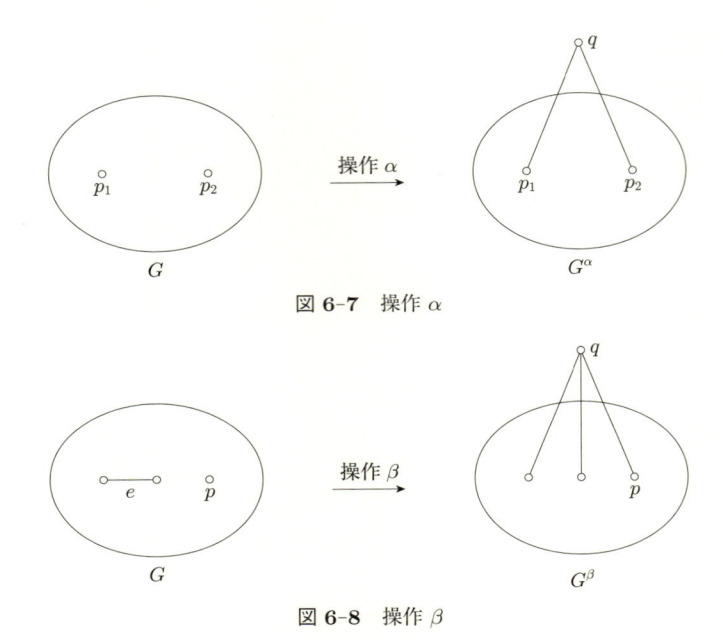

図 6-7　操作 α

図 6-8　操作 β

　点 p を選び，G から辺 e を除いたグラフに，新しい頂点 q と
3つの辺 pq, p_1q, p_2q を追加する．これを操作 β と呼ぶ．グ
ラフ G に操作 β を行って得られるグラフを G^β で表す（図
6-8 参照）．

　一般定形グラフに操作 α を行って得られるグラフがまた一般定
形グラフとなることは明らかであろう．実は，一般定形グラフに操
作 β を行って得られるグラフも一般定形グラフとなる．この事実
の証明は易しくない．（例えば，[11] の第6章を参照せよ．）ここで
は次の定理を証明なしで用いる．

定理 6.5

　頂点数 3 以上の連結グラフ G に対して，次の (i), (ii) が成立
する．

(i) G が一般に定形 $\Leftrightarrow G^\alpha$ が一般に定形

(ii) G が一般に定形 $\Rightarrow G^\beta$ は一般に定形

また，頂点数 4 以上の任意の極小な一般定形グラフは，K_3 から出発して，操作 α と操作 β を繰り返すことによって得られる.

定理 6.5 を用いると，$K_{3,3}$ が極小な一般定形グラフであることが図 6-9 のようにして示される.

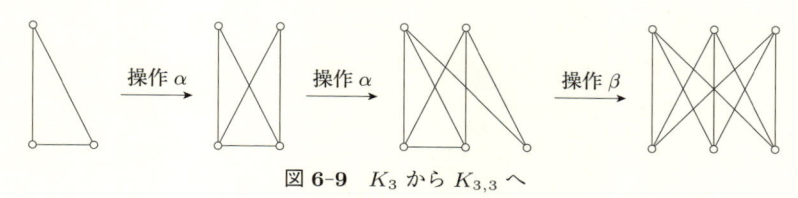

図 6-9 K_3 から $K_{3,3}$ へ

問題 6.2

図 6-10 の三角柱グラフは極小な一般定形であることを，Henneberg の方法で示せ.

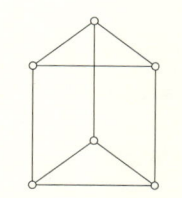

図 6-10 三角柱グラフ

注 6.4

定理 6.5 の (ii) の逆は成立しない. 例えば，図 6-11(a) のグラフは明らかに一般に定形ではないから，(i) により，これに操作 α を行って得られるグラフ (b) も一般に定形ではない. グラフ (c) はグラフ

(b) に操作 β を行って得られるグラフである．しかし，このグラフ (c) は一般定形グラフなのである．実際，図6-12に示されるように，図6-11(c) のグラフは，一般定形グラフから操作 α だけを続けて得られるから，定理6.5(i) により，一般定形グラフである．

系 6.1

頂点数 n の極小な一般定形グラフの辺数は $2n - 3$ である．

[証明]　$2 \leq n \leq 3$ の場合，（極小な）一般定形グラフは K_2 と K_3 で，その辺数は $2n - 3$ である．定理6.5により，$n > 3$ の極小な一般定形グラフは，K_3 に操作 α, β を繰り返して得られる．操作 α, β では，頂点数は1増え，辺数は2増える．したがって，頂点数 n の極小な一般定形グラフの辺数は $2n - 3$ である．

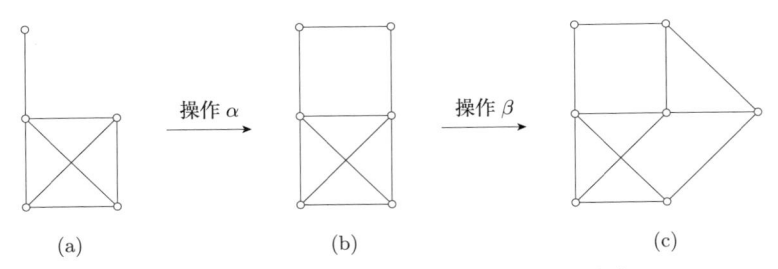

図 **6-11**　一般定形でないグラフに操作 α, β を行う

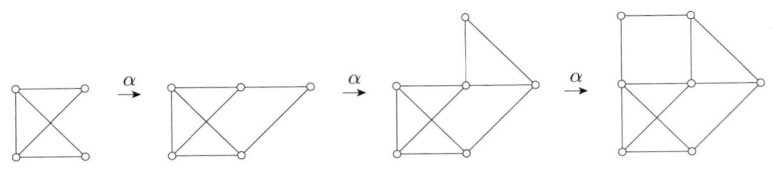

図 **6-12**　一般定形グラフに操作 α を続けて

第 7 章

等辺フレームワーク

　すべての辺が等しい長さの線分であるようなフレームワークを等辺フレームワークと呼ぶ．辺の長さが等しいという制約のため，例えば，$K_{3,3}$ と同型な等辺フレームワークは存在しない．これから，以下の (i), (ii) のような疑問が生ずる．

(i) 定形な等辺フレームワークは必ず三角形を含むか？
(ii) 2 部グラフとなる等辺フレームワークは必ず変形するのか？

　まず，これらの疑問を解決する．次に，各辺の長さが 1 の定形等辺フレームワークの頂点間の距離として，どのようなものが得られるかを調べる．

7.1 三角形のない等辺フレームワーク

正方形の等辺フレームワーク ⬜ は変形する．これに対角線を加えて定形の等辺フレームワークにするには，正方形を菱形にしなければならない．しかしながら，この正方形の形を変えずに，頂点と辺を追加して，変形しない等辺フレームワークに拡張することができる．それには，例えば，図 7-1 のようにすればよい．

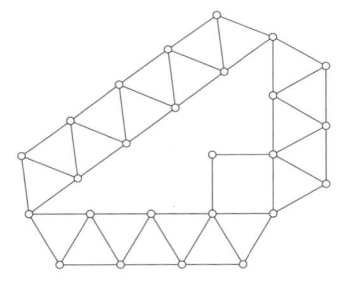

図 **7-1** 単位正方形を含む定形な等辺フレームワーク

問題7.1

図 7-2 の等辺フレームワークは変形する．これと同型な部分グラフを含む，定形な等辺フレームワークを作れ．
（例えば，この等辺フレームワークの頂点 A を動かして，長さ 1 の辺で OA を結んで定形にしようとすると，頂点 B が C または O に一致してしまい，もはや，図 7-2 のグラフに同型な部分グラフは含まなくなる．）

問題7.2

平面グラフとなるような等辺フレームワークで，頂点彩色数が 4 となるものがあるか．

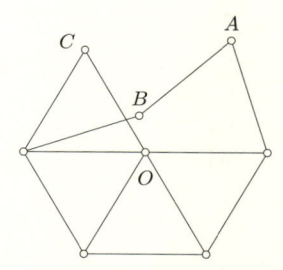

図 **7-2** 定形な等辺フレームワークに拡張せよ

辺の長さが一定でないフレームワークでは，例題 6.1 で見たように $K_{3,3}$ に同型で，しかも変形しないものが存在する．したがって，三角形を含まないような定形なフレームワークが存在する．しかし，平面上で，2 点 A, B から，定距離にあるような点はたかだか 2 つしかないから，平面上の等辺フレームワークで $K_{3,3}$ に同型なものは作れない．変形しないような等辺フレームワークを作ろうとすると，たいてい三角形が現れてしまうのである．したがって，次のような問題が生ずる．

問題 A. 三角形を含まない等辺フレームワークは，必ず変形するのであろうか？

問題 B. 等辺フレームワークが 2 部グラフであったら必ず変形するだろうか？

図 7-3 のフレームワーク（デカゴンと呼ぶ）は問題 A に関連して発見されたものである．

例題 7.1

図 7-3 の等辺フレームワーク（デカゴン）は三角形を持たず，しかも，変形不可能である．

[証明] デカゴンが三角形を含まないことは，見て明らかである．デカゴンの各辺の長さは 1 とし，図 7-4 に示すように，いくつかの頂点

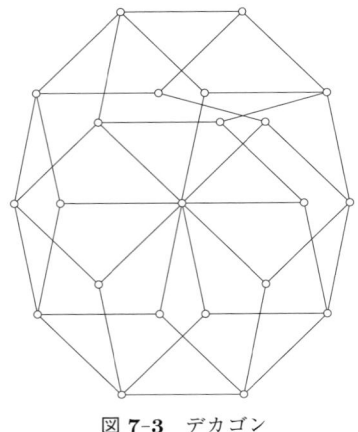

図 **7**-3　*デカゴン*

といくつかの辺にラベルをつける．デカゴンの微小運動で，デカゴン
に含まれる平行四辺形の対辺どうしは平行なままであるから，

$$a_1 // a_2 // a_3 // a_4 // a_5 // a_6 // a_7 // a_8$$

である．したがって，$BCDE$ は平行四辺形（菱形）で，$|DE| = 1$
である．同様に，

$$b_1 // b_2 // b_3 // b_4 // b_5 // b_6 // b_7 // b_8$$

である．したがって，$DEOI$ も平行四辺形で，$|DE| = |OI| = 1$ で
ある．ゆえに，$|OD| = \sqrt{3}$ である．
　さらに，

$$c_1 // c_2 // c_3 // c_4 // c_5 // c_6 // c_7 // c_8 // c_9$$

であるから，$FCGJ$ は平行四辺形で，$|FJ| = 1$ となる．ゆえに，
$|OH| = \sqrt{3}$ である．したがって，辺 c_2 を固定すると，頂点 $D, H, O,$
E, F, I, J はすべて固定される．これから，頂点 $C, B, \dots$ とすべて
の頂点が固定されるのがわかる．つまり辺 c_2 を固定すると，この図

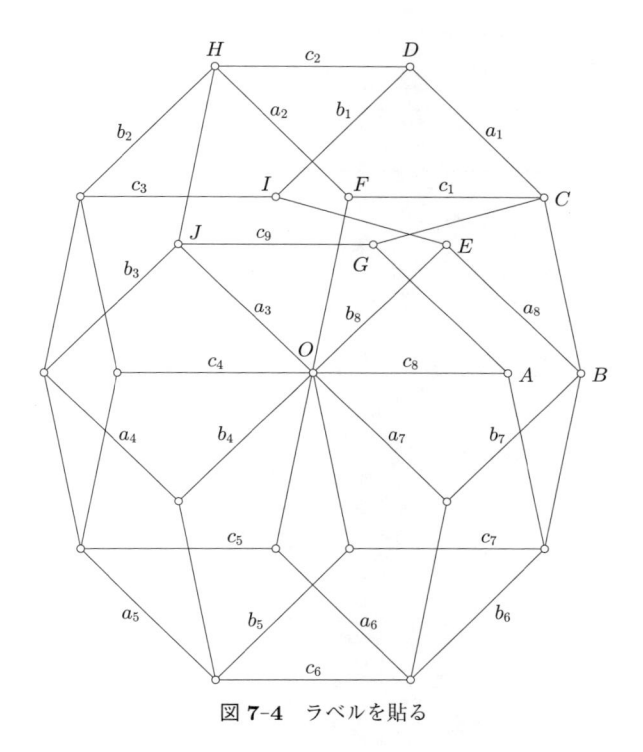

図 **7-4** ラベルを貼る

形は動けない．よって，デカゴンは変形不可能である． □

注7.1

デカゴンの頂点数は 21 である．これより少ない頂点を持つ等辺フレームワークで，三角形を含まず，しかも変形不可能のものはまだ発見されてない．

デカゴンは 2 部グラフではない．実際，それは長さ 5 のサイクルを持つ．次の定理は問題 B に答えるものである．

定理 7.1

　2 部グラフである等辺フレームワークで，変形しないものが
存在する.

[証明]　図 7-5 に示されるような等辺フレームワークを F_1 とする.
これは連続変形するが，小さな変形後も，その横線（例えば QR）は
直線のままである.

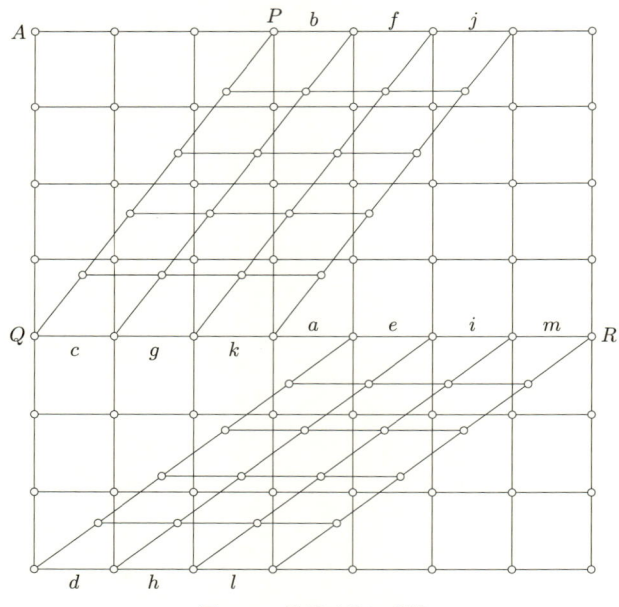

図 7-5　横線は常に直線

　これは次のようにしてわかる.　まず，平行四辺形は小さな連続変形
後も平行四辺形のままで，対辺どうしは平行である.　したがって，F
の辺 a と辺 b は平行であり，同様に

$$a//b//c//d//e//f//g//h//i//j//k//l//m$$

であることがわかる.　ゆえに，c, g, k, a, e, i, m は直線をなす.　した

がってすべての横線は直線のままである．また，F_1 は 2 部グラフで
あることに注意しよう（2 色で頂点彩色ができることが確かめられ
る）．このグラフ F_1 を □ で表そう．● は頂点 A の位置を示してい
る．これと同じ等辺フレームワークを他に 3 つ作り，反時計回りに
$90°, 180°, 270°$ と回転したものを，それぞれ，F_2, F_3, F_4 とする．F_1,
F_3 は変形してもその横線は直線であり，F_2, F_4 では縦線が直線であ
る．これら F_1, F_2, F_3, F_4 を平行移動して，図 7-6(a) のように貼り合
せる（重なった頂点や辺はそれぞれ，同一視する）．こうして得られ
る等辺フレームワークを G とする．G が 2 部グラフとなることは容
易に確かめられる．G が連続変形すると仮定せよ．G の変形で，F_1
の各縦辺は F_4 の各縦辺に平行であるから，F_1 の縦線は直線のまま
である．同様に，G を変形しても，各 F_i の縦線，横線はいずれも直
線のままである．したがって，G が変形するとすれば，図 7-6(b) の
ように，菱形を 4 つ合わせた形になるしかない．これらの菱形の頂点
● での角を図 7-6(b) のように，$\alpha, \beta, \gamma, \delta$ とする．これらの角の和は
$360°$ であるから，G が変形するとすれば，4 つの角のうちのどれか，
例えば α は $90°$ より大きくなる．ところが，F_1 の頂点 P と Q は長
さ 5 のパスで結ばれているから，$|PQ| \leq 5$ であり，$|AP| = 3$,
$|AQ| = 4$ であるから，$\angle PAQ \leq 90°$ でなければならない．これは，
$\alpha > 90°$ に矛盾する．よって，G は変形不可能な 2 部グラフである．

□

注7.2

　定理 6.4 の証明における変形しない 2 部グラフの構成で，F_1 と F_2
を平行移動して重ねあわせることによって，変形しない 2 部グラフ
で，頂点数がもっと少ないもの（頂点数 112）を得ることができる．
もっと単純で頂点数が 112 より少ない等辺 2 部フレームワークで変
形しないものは未だ見つかっていない．

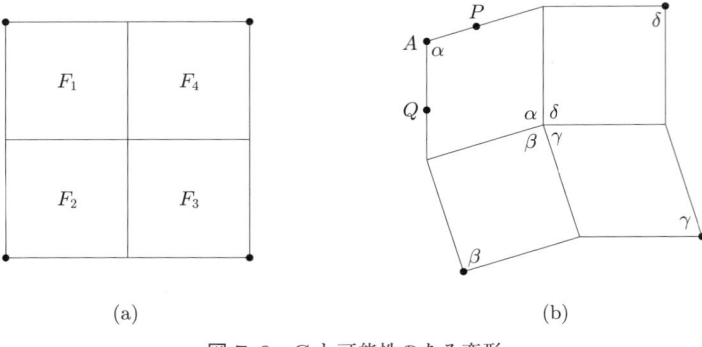

(a) (b)

図 **7-6**　G と可能性のある変形

7.2　マッチ棒細工で確定できる距離

　各辺の長さが 1 の等辺フレームワークで変形しないものを，簡単にマッチ棒細工と呼ぶことにしよう．マッチ棒細工のある 2 頂点間の距離が x のとき，このマッチ棒細工は距離 **x を確定する**という．頂点数 2 以上のマッチ棒細工は，どれも距離 0 と 1 を確定する．図 7-7 のマッチ棒細工は $\sqrt{3}$ を確定する．実際，頂点 A, B 間の距離が $\sqrt{3}$ となる．

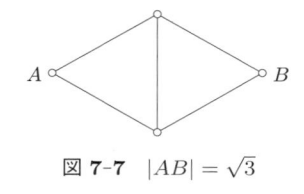

図 **7-7**　$|AB| = \sqrt{3}$

　絶対値 $|x|$ がマッチ棒細工で確定されるような実数 x の全体を，記号 Λ で表す．明らかに $0, \pm 1 \in \Lambda$ であり，$\pm\sqrt{3} \in \Lambda$ である．

問題7.3

　任意の整数 n は Λ に属することを示せ．

補題 7.1

　変形しないフレームワーク F の辺の長さがすべて Λ に属するなら，F の頂点間の距離はすべて Λ に属する.

[証明]　はじめに，任意の定形フレームは，その 2 頂点を固定すると，動けないことに注意する.

　さて，F の各辺 e に対して，その長さ x を確定するマッチ棒細工が存在するから，F から辺 e を取り除き，その両端の距離を，長さ x を確定するマッチ棒細工で固定することができる．こうして得られるフレームワークは，明らかに定形で，1 つのマッチ棒細工となる（例えば，図 7-8(b) は，(a) のフレームワークから，このようにして得られるマッチ棒細工（の一つ）を示している）．こうして得られるマッチ棒細工は，F の頂点をすべて含むから，F の頂点間の距離はすべて Λ に属する.

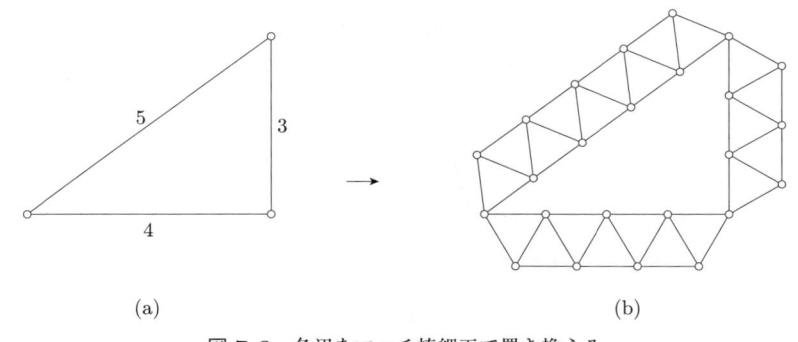

(a)　　　　　　　　　　　　　　　(b)

図 **7-8**　各辺をマッチ棒細工で置き換える

□

例題 7.2

　任意の正整数 n に対して，$\sqrt{n} \in \Lambda$ を示せ.

[解答] (nについての帰納法)　まず，$\sqrt{1}, \sqrt{2}, \sqrt{3}, \sqrt{4}, \sqrt{5}$ 等は図 7-8(b) で表されるマッチ棒細工の2頂点間の距離として確定されている．$n(\geq 5)$ 以下の正整数 k については，$\sqrt{k} \in \Lambda$ と仮定し，$n+1 = 4k+l$ $(0 \leq l \leq 3)$ とおく．すると，$n+1 = 4(k+1)-(4-l)$ である．$a = \sqrt{k+1}, b = \sqrt{4-l}$ とおくと，帰納法の仮定により，$a, b \in \Lambda$ である．また，$b < 2a$ であるから，1辺が a の菱形で1つの対角線の長さが b となるものが存在する．したがって，図 7-9 のような定形フレームワークが存在し，補題 7.1 により，$|AC| \in \Lambda$ である．また，平行四辺形定理により，$|AC|^2 = 4a^2 - b^2 = \sqrt{4(k+1) - (4-l)}$ $= \sqrt{4k+l} = \sqrt{n+1}$ となる．ゆえに $\sqrt{n+1} \in \Lambda$ である．

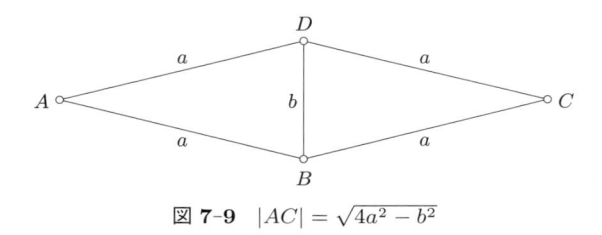

図 7-9　$|AC| = \sqrt{4a^2 - b^2}$

□

補題 7.2

$$x, y \in \Lambda, 2x > y > 0 \Rightarrow 2x, \sqrt{4x^2 - y^2}, \sqrt{x^2 + 2y^2} \in \Lambda.$$

[証明]　補題 7.1 により，図 7-10 の定形フレームワークの頂点間の距離はすべて Λ に属する．$|BD| = 2x$ である．また，平行四辺形定理により，$|BE| = \sqrt{4x^2 - y^2}, |AD| = \sqrt{x^2 + 2y^2}$ である．

□

補題 7.2 で $x = y$ とすると，$x \in \Lambda \Rightarrow \sqrt{3}x \in \Lambda$ が得られる．

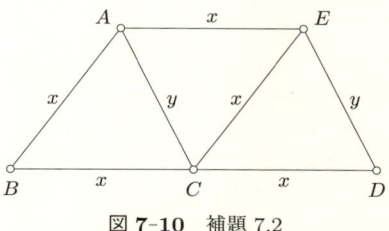

図 **7-10**　補題 7.2

補題 7.3

$x, y \in \Lambda, x \geq y > 0 \Rightarrow x + y, x - y \in \Lambda$. したがって，任意の整数 $n > 0$ に対して，$x \in \Lambda \Rightarrow nx \in \Lambda$.

[証明]　$a = \sqrt{x^2 + 2y^2}, b = \sqrt{3}y$ とおくと，$a, b \in \Lambda$ である．よって図 7-11 のフレームワークは，各辺の長さが Λ に属するような定形なフレームワークである．CD の中点を M とすると，

$$|AM|^2 = b^2 - y^2 = 2y^2, \ |BM|^2 = a^2 - |AM|^2 = x^2, \ |CM| = y$$

であるから，$|BC| = x - y, |BD| = x + y$ となる．したがって，$x - y, x + y \in \Lambda$ である．

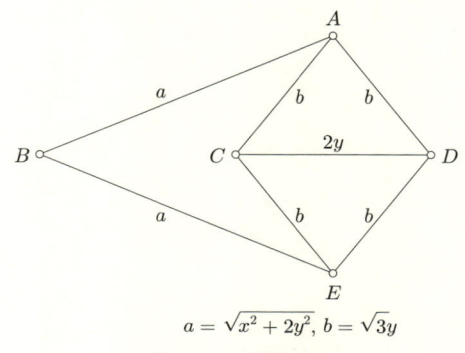

$a = \sqrt{x^2 + 2y^2}, \ b = \sqrt{3}y$

図 **7-11**　補題 7.3

補題7.4

$x, y \in \Lambda,\, y \neq 0 \Rightarrow x^2/y \in \Lambda.$

[証明]　$x, y > 0$ としてよい. $ny > x$ となるような正整数 n を取る. 補題7.3により, $ny \in \Lambda$ である. よって, 図7-12のような定形フレームワークが存在する. $AB /\!/ DE /\!/ BC$ であるから, A, B, C は一直線上にある. また, 三角形 ABF と CBG は合同だから, 高さが等しいので, $FG /\!/ AB$ となる. したがって, $\angle GFB = \angle ABF$（錯角）である. ゆえに, 2つの二等辺三角形 ABF と BFG は相似であり, $|AB| : |BF| = |BF| : |FG|$ となる. これから

$$|FG| = \frac{|BF|^2}{|AB|} = \frac{x^2}{ny}$$

が得られ, $x^2/(ny) \in \Lambda$ となる. 補題7.3により, これの n 倍である x^2/y も Λ に属する.

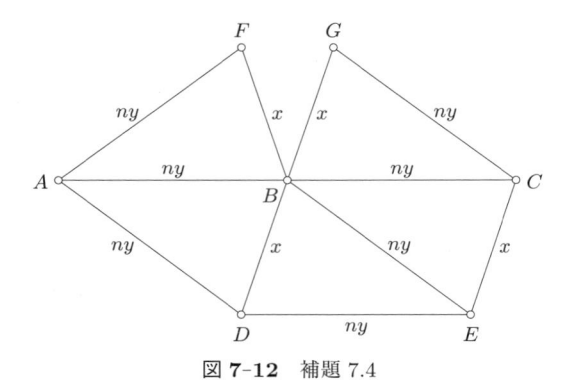

図 **7-12**　補題 7.4

問題7.4

　$x \in \Lambda,\, x \neq 0$ のとき, $1/x \in \Lambda$ となること, および, どんな正整数 n についても, $x/n \in \Lambda$ となることを示せ.

補題 7.5

$$a \in \Lambda, a > 0 \Rightarrow \sqrt{a} \in \Lambda.$$

[証明] $a \neq 1$ とする. $x = (a+1)/4, y = (a-1)/2$ とおくと, $x, y \in \Lambda$ で, 補題 7.2 により, $\sqrt{a} = \sqrt{4x^2 - y^2} \in \Lambda$ である. □

補題 7.6

$$a, b \in \Lambda,\ n \neq 0 \Rightarrow ab, a/b \in \Lambda.$$

[証明] $a, b > 0$ の場合を考えればよい. 補題 7.5 により, $\sqrt{a} \in \Lambda$ である. $x = \sqrt{a}, y = b$ とすると, 補題 7.4 により, $a/b \in \Lambda$ である. また, $1, b \in \Lambda$ より, $1/b \in \Lambda$ となり, これより, $a/(1/b) \in \Lambda$ となる. したがって, $ab \in \Lambda$ である. □

　数 1 を含む数の集合で, 加減乗除の四則演算で閉じているものを **体** または **数体** という. 例えば, 実数全体の集合や, 有理数全体の集合は体である.

定理 7.2

　マッチ棒細工で確定可能な数の集合 Λ は体であり,

$$a \in \Lambda, a > 0 \Rightarrow \sqrt{a} \in \Lambda$$

を満たす. しかも, Λ は, 定規とコンパスで作図できない数を含む.

[証明] 前半部分は, 補題 7.3 と補題 7.6 による.

　図 6-4 の作図不可能な定形フレームワークの辺の長さはすべて整数で Λ に属する. ゆえに, 各頂点間の距離はすべて Λ に属する. しか

し，このフレームワークの隣接しない 2 頂点間の距離は，定規とコンパスでは作図できない数である. □

実代数的数はマッチ棒細工で確定可能 〜〜〜 コラム 〜〜〜

実代数的数とは，整数係数の多項式の根として得られる実数のことである. 例えば，$\sqrt[3]{5}-1$ は $(x+1)^3-5=0$ の実解であるから，実代数的数である. 実代数的数の全体は体をなす.

定理

Λ は実代数的数の全体と一致する[1].

---

1)　H. Maehara, "Distances in a rigid unit-distance graph in the plane", *Discrete Appl. Math.*, **31** (1991), pp.193-200.

問題解答

問題 1.1：

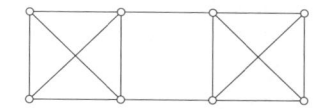

問題 1.2： $n \geq 5$ のときは，正 n 角形を描き，頂点を 1 つおきに結んでいくと，すべての頂点の次数が 4 のグラフが得られる．

問題 1.3： 正 20 面体の各面を "頂点" とし，$V = \{F_1, F_2, \ldots, F_{20}\}$ とする．「G の 2 頂点 F_i, F_j は隣接する」$\Longleftrightarrow$「正 20 面体の 2 面 F_i, F_j は 1 辺を共有する」として得られるグラフを $G = (V, E)$ とすると，G の辺の本数 $|E|$ は，正 20 面体の辺の本数と等しい．また，G の各頂点 F_i の次数は $\deg F_i = 3$ だから，握手補題により $2|E| = \sum_{i=1}^{20} \deg F_i = 3 \times 20 = 60$ $\therefore$ $|E| = 30$. よって，正 20 面体の辺の本数も 30 である．

問題 1.4： 前問と同じように，凸多面体の各面を頂点とするグラフを考えると，奇数角形の面に対応する頂点の次数は奇数となる．奇点定理により，奇点の個数は偶数であるから，奇数角形の面の個数は偶数である．

問題 1.5： 頂点数 n のグラフ G が非連結ならば G は条件「x と y が隣接しない $\Rightarrow$ $\deg x + \deg y \geq n-1$」を満たさないことを示そう．G の 1 つの連結成分 G_1 に含まれる頂点の個数を $k(< n)$ とする．x を G_1 に含まれる頂点，y を G_1 に含まれない頂点とすると，$\deg x \leq k-1$, $\deg y \leq n-k-1$ である．すると $\deg x + \deg y \leq k-1 + n-k-1 = n-2$ となり，G は上の条件を満たさない．

問題 1.6： 頂点 $1, 2, 3, 4$ の順列を考える．1 つのパスにつき 2 つずつ順列が対応するから，求める個数は，$4!/2 = 12$.

問題 1.7： G の隣接しない 2 頂点 x, y に対して，$\deg x + \deg y \geq n-1$ となる

から，問題 1.5 により，G は連結である．

問題 1.8：2 部グラフの一方の部集合の頂点は ● で，他方の部集合の頂点は ○ で表す．すると，サイクル上では ● と ○ が交互に並から，サイクルは偶数個の頂点を含む．つまり，サイクルはすべて偶サイクルである．ゆえに奇サイクルは存在しない．

問題 1.9：2 つの部集合から 2 点ずつ選ぶ場合の数を求めて，$\binom{m}{2} \cdot \binom{n}{2} = \dfrac{m(m-1)n(n-1)}{4}$．

問題 1.10：

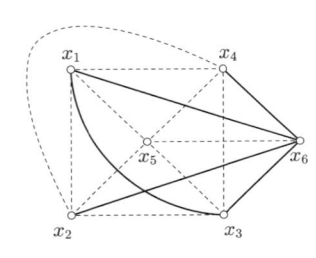

問題 1.11：以下のように頂点を対応させると同型対応となり，2 つのグラフは同型であることがわかる．

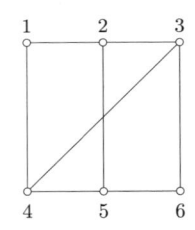 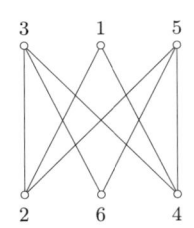

問題 1.12：
$$\begin{pmatrix} 0 & 0 & 1 & 1 & 1 \\ 0 & 0 & 1 & 1 & 1 \\ 1 & 1 & 0 & 0 & 0 \\ 1 & 1 & 0 & 0 & 0 \\ 1 & 1 & 0 & 0 & 0 \end{pmatrix}$$

問題 2.1：次数 1 の頂点の個数を k とすると，頂点の次数の合計は $k + 2(n - k)$ 以上である．したがって，握手補題により $k + 2(n - k) \leq 2(n - 1)$ となる．これから，$-k \leq -2$，よって $k \geq 2$ である．

問題 2.2：木の頂点数を n とすると，握手補題により $4k + (n - k) = 2(n - 1)$ となる．これから，$n = 3k + 2$ が得られ，$n - k = 2k + 2$ となるから，次数 1 の頂点数は $2k + 2$ である．

問題 2.3：連結成分の個数 2 の林は 1 辺を追加して木にすることができる．同様

に，連結成分の個数が k の林は $k-1$ 本の辺を追加して木にすることができる．したがって，連結成分の個数が k の林の辺数は $n-1-(k-1) = n-k$ である．

問題 2.4：

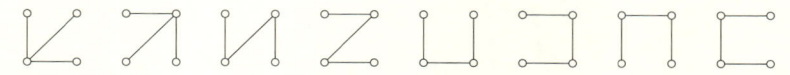

問題 2.5：K_4 から 1 辺を除いたグラフ の全域木の個数は，定理 2.2 の漸化式により，以下の 2 つの（擬）グラフの全域木の個数の和に等しい．

これらのグラフの全域木の個数はいずれも 4 であるから，K_4 から 1 辺を除いたグラフの全域木の個数は 8 である．

問題 2.6：重み 2 の辺が重み最小なので選ぶ．選んだ辺と合わせてもサイクルができない辺の中から重みが最小なものは重み 3 の辺で 2 つある．どちらを選んでもその次には他方が選ばれる．その後は重み 4 の辺が 3 つあるがそのうちサイクルができないような辺は 1 つだけであるのでその辺を選ぶ．次に重み 5 の辺 2 つを加えてもサイクルはできないし，まだ全域木にはならない．そこで重み 6 の辺のうちサイクルができないような辺を選ぶ．すると図のように最小全域木が得られる．

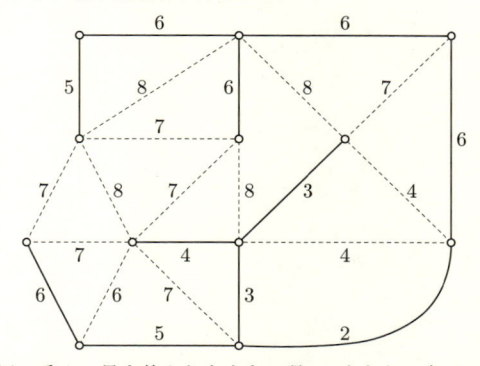

問題 2.7：(i) 辺の重みの最大値よりも大きい数 N をとり，各辺の重み w を $N-w$ で置き換える．(ii) 重みを置き換えたグラフの最小全域木 T をクルスカルの方法で見つける．(iii) 各辺の重みをもとに戻すと，T が重さが最大の全域木となる．

問題 3.1：G の 2 つの奇点を結ぶ辺を新たに追加したグラフを G^+ とする（2 つ
の奇点が G において隣接していたら，G^+ は擬グラフになる）．すると，
G^+ の頂点はすべて偶点となるから，定理 3.1 および注 3.1 により，G^+
にはオイラー回路が存在する．このオイラー回路から，追加した辺を消す
と，元のグラフ G のオイラー小道が得られる．したがって，G にはオイ
ラー小道が存在する．

問題 3.2：$2n$ 個の奇点を，n 対に分け，各奇点の対を結ぶ n 個の辺を追加したグ
ラフを G^+ とする．G^+ は奇点を持たない連結グラフだから，オイラー回
路を持つ．このオイラー回路から，追加した n 個の辺を消すと，オイラー
回路は n 個の小道に分かれ，それらの n 個の小道によって G は覆われる．

　次に，G が辺を共有しないような $k (\leq n-1)$ 個の小道で覆われるとせ
よ．これらの小道をつなぎ合わせるような k 個の辺を G に追加したグラ
フを G' とすると，G' はオイラー回路を持つことになる．ところが，$2k <$
$2n$ であるから，k 本の追加で $2n$ 個の奇点をすべて偶点に変えることはで
きないので，G' には奇点が残っている．これは定理 3.1 に矛盾する．

問題 3.3：省略

問題 3.4：次の図の矢印に沿って行くとハミルトンサイクルが得られる．

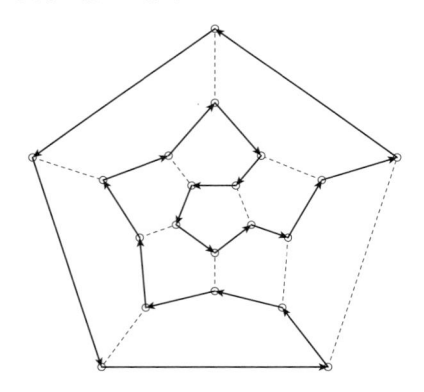

問題 3.5：G はハミルトンパス P を持つとする．パス P から S に属する頂点，
およびそれらの頂点に接続する辺を除くと，P は $|S|+1$ 以下の連結成分に
分かれる．P は G のすべての頂点を含んでいたから，$G-S$ の頂点はすべ
て $P-S$ に含まれる．したがって，$G-S$ の連結成分の個数は $|S|+1$ 以
下である．

問題 3.6：2 部グラフ G のハミルトンサイクルには，X の頂点と Y の頂点が交
互に現れるから，$|X|=|Y|$ である（したがって，2 部グラフがハミルトン
グラフなら，その頂点数は偶数である）．

問題 3.7：(1) 図 3-9(a) のグラフは 2 部グラフで，頂点数は 11 で奇数だから，

問題 3.6 により，ハミルトングラフではない.

(2) 図 3-9(b) のグラフから，中央の列に並ぶ 3 頂点を除くと，グラフは 4 個の連結成分に分かれる．したがって，定理 3.2 により，このグラフはハミルトングラフではない.

問題 3.8：$m \times n$ グリッドは，明らかに 2 部グラフであり，その頂点数は $(m+1)(n+1)$ である．したがって，$(m+1)(n+1)$ が奇数なら，問題 3.6 により，$m \times n$ グリッドはハミルトングラフではない．逆に，$(m+1)(n+1)$ が偶数，例えば，$m = 5$ の場合，次の図で示されるようなハミルトンサイクルが存在することがわかる.

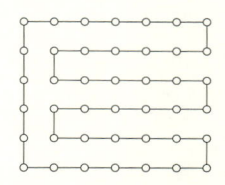

問題 4.1：$K_{3,3}$ から 1 辺を除いたグラフは次のように平面グラフとして描くことができるから平面的である.

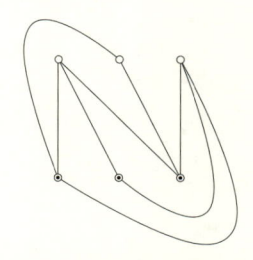

問題 4.2：連結平面グラフ G のどの面の境界も偶サイクルであるとする．G が奇サイクル C を含むとせよ．平面グラフのサイクルはすべて単純閉曲線をなすから，C も単純閉曲線をなす．グラフ G から，C の外部にある頂点，辺をすべて消し去って得られるグラフを G' とせよ．C は G の面の境界ではないから，C のなす単純閉曲線の内部は G のいくつかの面に分割されている．したがって，G' の面で奇サイクルを境界とする面は，C の外部の無限領域からなる面だけである．G' の各辺の両側に小石を 1 個づつおいていくと，小石の数は偶数でなければならない．ところが，境界が偶サイクルであるような面に含まれる小石の個数は偶数だから，C の内部にある小石の総数は偶数で，C は奇サイクルだから C の外部には奇数個の小石がある．したがって，小石の総数は奇数になってしまい，矛盾が生ずる．ゆえに G には奇サイクルは存在しない．したがって，定理 1.2 により，G は 2 部グラフである.

問題 **4.3**：(i) もし K_5 が平面的ならば，定理 4.2 により，その辺数は $3 \times 5 - 6 = 9$ 以下でなければならない．ところが K_5 には 10 個の辺があるから，K_3 は平面的ではない．(ii) もし $K_{3,3}$ が平面的だとすると，$K_{3,3}$ には長さ 3 のサイクルは存在しないから，定理 4.2 により，$K_{3,3}$ の辺数は $2 \times 6 - 4 = 8$ 以下でなければならない．ところが，$K_{3,3}$ には 9 個の辺があるから，$K_{3,3}$ は平面的ではない．

問題 **4.4**：下図のグラフは図 4-6 で表されるグラフの部分グラフで，$K_{3,3}$ の細分に同型である．したがってクラトフスキーの定理により，図 4-6 のグラフは平面的ではない．

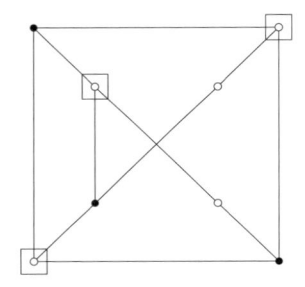

問題 **4.5**：連結平面擬グラフ G の双対グラフにループが現れないための必要十分条件は，G が橋を持たないことである．

問題 **4.6**：次の図からわかるように，平面グラフとして描いた K_4 の双対グラフは K_4 と同型である．

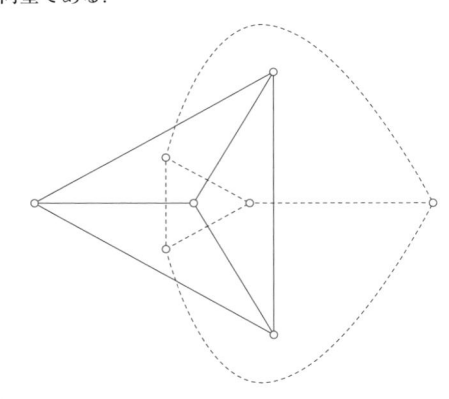

問題 **4.7**：双対グラフは両方とも単純グラフになるので，下図のように，面点に番号をつけて対応させると，双対グラフの間の同型対応が得られる．したがって，2 つの双対グラフの全域木の個数は等しい．ゆえに，定理 4.5 により，2 つの平面擬グラフの全域木の個数も等しい．

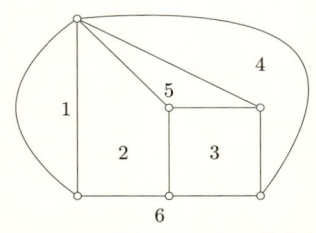
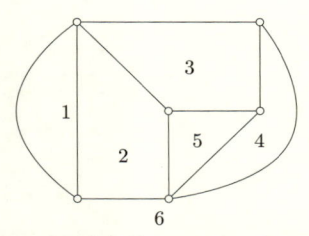

問題 4.8：立方体グラフの最大次数は 3 であるから，辺彩色数は 3 以上である．また，立方体グラフの平行な辺どうしは独立で，立方体グラフの辺はすべて 3 組の平行な辺のいずれかであるから，3 色で辺彩色できる．ゆえに立方体グラフの辺彩色数は 3 である．

問題 5.1：図 5-11(a), (b) の指示グラフを描くと次のようになる．

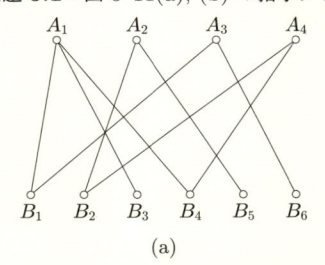
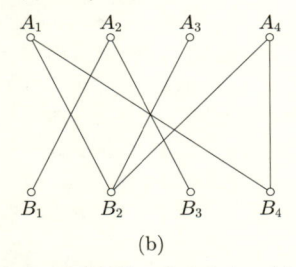

(a)   (b)

(a) の指示グラフは連結で，(b) の指示グラフは非連結であるから，(a) のグリッドは変形しないが，(b) のグリッドは変形する．

問題 5.2：破損したグリッドの形は辺 $a_1, \ldots, a_7, b_1, \ldots, b_6$ の傾きで決まり，$\angle a_i \ (i = 1, \ldots, 7), \angle b_j \ (j = 1, \ldots, 6)$ は 13 個の独立な変数である．

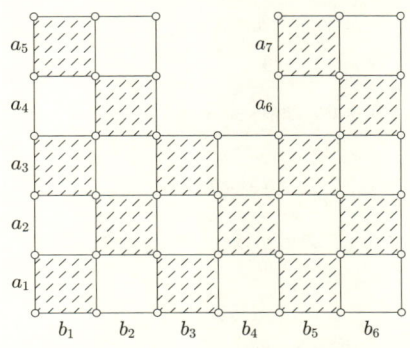

パネルを張った場所を示す指示グラフを描くと次の図のようになる．

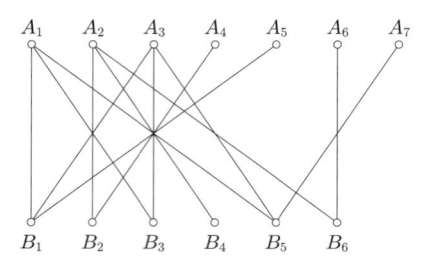

この指示グラフは非連結である（A_7 と B_6 を結ぶパスは存在しない）．したがって，図 5-12 のようにパネルを張った破損グリッドは定形ではない．

問題 5.3：注 5.2，5.3 で述べた以下の事実を用いる．

「平面上の四辺形 $ABCD$ に対して，

(i) $|AB|^2 + |BC|^2 + |CD|^2 + |DA|^2 \geq |AC|^2 + |BD|^2$

が成立し，等号は $ABCD$ が平行四辺形の場合に限る．

(ii) $|AB| \cdot |CD| + |BC| \cdot |DA| \geq |AC| \cdot |BD|$

が成立し，等号は $ABCD$ が円に内接する場合に限る．」

(i) と (ii) を 2 倍したものを加えて

$$(|AB| + |CD|)^2 + (|BC| + |DA|)^2 \geq (|AC| + |BD|)^2$$

が成立すること，および，等号は (i), (ii) において等号が成立する場合に限ることがわかる．(i), (ii) で等号が成立すると，$ABCD$ は平行四辺形で，しかも円に内接するから，長方形である．もちろん，長方形なら (i), (ii) が成立する．

問題 6.1：有理数 p/q が $f(p/q) = 0$ を満たすとせよ．p/q は既約分数としてよい．両辺に q^n を掛けると

$$p^n + a_1 q p^{n-1} + \cdots + a_{n-1} q^{n-1} p + q^n a_n = 0$$

となる．$a_1 q p^{n-1} + \cdots + a_{n-1} q^{n-1} p + q^n a_n$ は q で割り切れるから，p^n/q は整数である．p, q は共通の約数を持たないから，$q = 1$ でなければならない．ゆえに

$$p^n + a_1 p^{n-1} + \cdots + a_{n-1} p + a_n = 0$$

である．左辺の a_n 以外の項は p で割り切れるから，a_n も p で割り切れる．

問題 **6.2**：

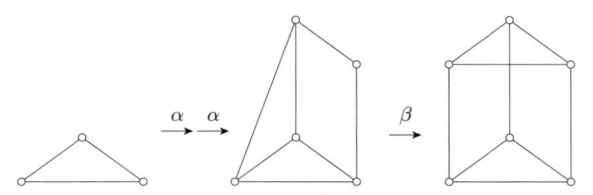

問題 **7.1**：例えば，次の図のように拡張すればよい．

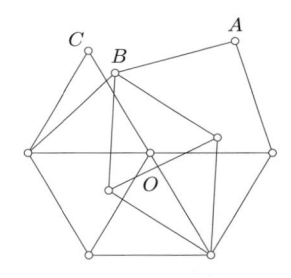

問題 **7.2**：例えば，次の図で示される等辺フレームワークの頂点彩色数は 4 である．実際，これは平面グラフであるから，頂点彩色数は 4 以下である．また，これが 3 色（赤，青，黄）で彩色できたとし，頂点 A が赤とすると，B は赤，C も赤でなければならない．同様に，A が赤なら，D も赤で，E も赤でなければならない．すると，隣接する C, E が同色となり，彩色ではなくなる．ゆえに，このグラフの頂点彩色数は 4 以上である．4 以上 4 以下であるから，4 である．

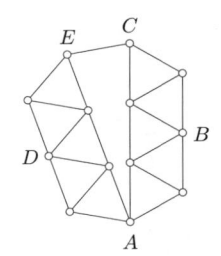

問題 **7.3**：正整数 n が Λ に属することを示せばよい．$1 \in \Lambda$ であるから，次の図から $5 \in \Lambda$ であることがわかる．

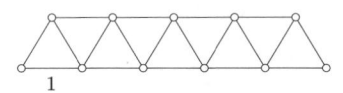

同様にして $n \in \Lambda$ となることがわかる．

問題 7.4：補題 7.4 から，$x \in \Lambda \Rightarrow 1/x \in \Lambda$ が得られる．また，$x \in \Lambda$ なら，補題 7.3 により $nx \in \Lambda$ であるから，補題 7.4 を用いて，$x/n = x^2/(nx) \in \Lambda$ となる．

関連図書

[1] イワン-スチュアート（長尾汎 監訳，新関章三 訳）：『ガロアの理論』，共立出版，1979.

[2] R. J. ウィルソン（斉藤伸自・西関隆夫 共訳）：『グラフ理論入門』，近代科学社，1985.

[3] 恵羅博・土屋守正：『グラフ理論』，産業図書，1996.

[4] R. クーラント・H. ロビンズ（森口繁一 訳）：『数学とは何か』，岩波書店，1966.

[5] 瀬山士郎：『コンパスと定規の幾何学』，共立出版，2014.

[6] R. ディーステル（根上生也・太田克弘 訳）：『グラフ理論』，シュプリンガー・フェアラーク東京，2000.

[7] フランク・ハラリイ（池田貞雄 訳）：『グラフ理論』，共立出版，1971.

[8] P. フランクル・前原濶：『やさしい幾何学問題ゼミナール』，共立出版，1992.

[9] J. A. Bondy, U. S. R. Murty（立花俊一・奈良知恵・田澤新成 共訳）：『グラフ理論への入門』，共立出版，1991.

[10] 前原濶・桑田孝泰：『知っておきたい幾何の定理』，共立出版，2011.

[11] 前原濶・根上生也：『幾何学的グラフ理論』，朝倉書店，1992.

索　引

memo

memo

memo

memo

〈著者紹介〉

前原　濶（まえはら　ひろし）

略　　歴
1969 年　東京大学大学院理学系研究科修士課程修了
現　　在　琉球大学名誉教授
　　　　　理学博士

主な著書
『幾何学の散歩道』，共著，共立出版，1991
『幾何学的グラフ理論』，共著，朝倉書店，1992
『直観トポロジー』，共立出版，1993
『円と球面の幾何学』，朝倉書店，1998
『知っておきたい幾何の定理』，共著，共立出版，2011
『絵ときトポロジー』，共著，共立出版，2013

桑田　孝泰（くわた　たかやす）

略　　歴
1998 年　ユタ大学大学院数学科修了
現　　在　東海大学理学部情報数理学科教授
　　　　　Ph.D.

主な著書
『微分積分』，朝倉書店，2003
『数学入門 I，II』，共著，サイエンス社，2006，2007
『大学新入生のための数学ガイド』，共著，東京電機大学出版局，2007
『整数と平面格子の数学』，共著，共立出版，2015
『複素数と複素数平面』，共著，共立出版，2017

数学のかんどころ 34

グラフ理論とフレームワークの幾何

(*Graph theory and Geometry of frameworks*)

2017 年 10 月 25 日 初版 1 刷発行

著　者　前原　潤・桑田孝泰　ⓒ 2017

発行者　南條光章

発行所　**共立出版株式会社**

〒112-0006
東京都文京区小日向 4-6-19
電話番号　03-3947-2511 （代表）
振替口座　00110-2-57035

共立出版 （株） ホームページ
http://www.kyoritsu-pub.co.jp/

印　刷　大日本法令印刷

製　本　協栄製本

検印廃止
NDC 415.7
ISBN 978-4-320-11075-5

一般社団法人
自然科学書協会
会員

Printed in Japan

数学の かんどころ

編集委員会：飯高　茂・中村　滋・岡部恒治・桑田孝泰

ここがわかれば数学はこわくない！　数学理解の要点（極意）ともいえる "かんどころ" を懇切丁寧にレクチャー。ワンテーマ完結 & コンパクト & リーズナブル主義の現代的な数学ガイドシリーズ。

【各巻：A5判・並製・税別本体価格】　　　**共立出版**　　（価格は変更される場合がございます）